计算机应用专业

Python程序编写学习辅导与上机实习

Python Chengxu Bianxie Xuexi Fudao yu Shangji Shixi

主　编　苏东伟　陈天翔

高等教育出版社·北京

内容简介

本书是“十三五”职业教育国家规划教材《Python程序编写入门》（苏东伟主编）的配套学习辅导书。

本书旨在巩固和强化Python程序编写练习，在主教材内容上略有扩充，内容共分5个单元，分别是：Python语言概述、Python语言的基本元素、Python程序中的逻辑关系、Python语言中的函数与模块、Python语言的特色与拓展。每个单元设计了学习目标、练习辅导、上机实训和单元习题，习题、案例和任务形式多样，有助于开展巩固练习和上机实训。

本书配有学习卡资源，可登录Abook网站 http://abook.hep.com.cn/sve 获取相关资源。详细说明见书后“郑重声明”页。

本书可作为中等职业学校计算机应用及相关专业的教学辅导书，也可供职业院校和其他零基础且正在学习Python的学习者参考使用。

图书在版编目（CIP）数据

Python程序编写学习辅导与上机实习 / 苏东伟，陈天翔主编. -- 北京：高等教育出版社，2021.9（2024.12重印）
ISBN 978-7-04-056685-7

Ⅰ. ①P… Ⅱ. ①苏… ②陈… Ⅲ. ①软件工具-程序设计-中等专业学校-教学参考资料 Ⅳ. ①TP311.561

中国版本图书馆CIP数据核字(2021)第159630号

策划编辑	赵美琪	责任编辑	陈　红	特约编辑	张乐涛	封面设计	张　志
版式设计	于　婕	插图绘制	邓　超	责任校对	吕红颖	责任印制	高　峰

出版发行	高等教育出版社	网　址	http://www.hep.edu.cn
社　址	北京市西城区德外大街4号		http://www.hep.com.cn
邮政编码	100120	网上订购	http://www.hepmall.com.cn
印　刷	固安县铭成印刷有限公司		http://www.hepmall.com
开　本	889 mm×1194 mm　1/16		http://www.hepmall.cn
印　张	12.75		
字　数	260千字	版　次	2021年9月第1版
购书热线	010-58581118	印　次	2024年12月第8次印刷
咨询电话	400-810-0598	定　价	29.80元

物 料 号　56685-00

前　言

不论是知识还是技能的学习，要达到“熟练掌握”的程度，都离不开必要的练习。学习一门程序语言，既有语言体系的知识，又有编写代码的技能，还有设计开发的策略，是一项特别能锤炼学习者思维能力的学习活动，因此更有必要进行针对性练习。

《Python程序编写入门》自2019年出版以来，得到了广大中等职业学校师生的认可，教材被评为“十三五”职业教育国家规划教材。编写团队既深受鼓舞，更心怀感恩。团队成员编写本书作为主教材的配套用书，便于学习者巩固提高。

本书设置的“Python语言概述”“Python语言的基本元素”“Python程序中的逻辑关系”和“Python语言中的函数与模块”分别对应主教材第1～4单元的内容；并结合主教材中“拓展延伸”部分的知识和技能，专门编写了“Python语言的特色与拓展”，作为独立的第5单元以辅助学有余力的学生进行强化学习。鉴于程序教学注重“学—练—训”的融合，建议采用与主教材1∶1的学时安排。团队为避免学习者陷入“机械刷题”，特别在体例方面做了精心的设计。

1. 每个单元由学习目标、练习辅导、上机实训和单元习题4个模块组成。

2. 练习辅导基本对应主教材以“节”为单位的教学内容，主要由“重点知识”“例题精选”和“巩固练习”3个部分组成，提取关键性的知识，剖析代表性的习题，培养学生的迁移能力。

3. 每个单元的上机实训依然是综合性比较强的编程任务，通过“任务描述”来说明要解决的问题，在“解题策略”中通过阐述原理和呈现流程图的方式，辅助学习者理清编写该程序的基本思路，并结合多年的教学和开发经验，在“疑难解释”中呈现该编程任务常见的误区。

作为主教材的配套用书，本书不仅在设计习题、案例和任务时注重了形式的多样、情境的多样，还关注了与主教材的“协同性”。教师和学生可以结合教学需要，将本书的习题、案例和任务以主教材的体例进行解构，不仅可以充实日常教学，丰富教学活动，还能拓展教学内容。

本书的编写沿用了主教材的核心团队，从而确保了与主教材编写思路的一致性。由苏东伟、陈天翔任主编，苏东伟对本书的框架结构、编写体例和具体内容进行了设计和把关，陈天翔对全书进行了统稿；第 1 单元主要由苏东伟编写，第 2 单元主要由姜忠圆编写，第 3 单元的 3.1 和 3.2 主要由蔡央央、刘志新合作编写，3.3 ~ 3.6 主要由应成君编写，第 4 单元主要由许灼灼编写，第 5 单元主要由陈天翔编写；宁波市维沃信息科技有限公司、宁波银方软件科技有限公司、宁波市莫等闲信息技术服务有限公司等软件开发公司的技术人员为本书的编写提出了宝贵意见，并结合行业实际参与了部分案例代码的编写工作；此外，在本书的编写过程中，得到了俞佳飞、陈伟和陈建军三位老师的指导，在此一并表示感谢！

本书配有学习卡资源，可登录 Abook 网站 http: //abook.hep.com.cn/sve 获取相关资源。详细说明见书后“郑重声明”页。

编写团队组织人员对本书中所涉及的程序源代码进行了二次上机调试，但由于开发环境存在差异且编者水平有限、时间仓促，难免存在疏漏与不妥之处，恳请广大读者批评指正，以进一步完善本书。读者意见反馈邮箱：zz_dzyj@pub.hep.cn。

苏东伟

2021 年 6 月

目 录

第1单元 Python语言概述

学习目标

1．了解 Python 语言及其特色；

2．掌握 Windows 下搭建 Python 开发环境的方法；

3．了解在 Linux Shell 下如何运行 Python；

4．掌握在 IDLE 中编写 Python 代码的方法；

5．理解并掌握 PyCharm 的使用；

6．掌握 Python 语言编写规范。

1.1 Python 语言概述及特色

重点知识

Python 语言是一种解释型、跨平台、面向对象的动态类型语言，被广泛应用于数据分析、组件集成、网络服务、图像处理和科学计算等众多领域。它具有易于理解、简化设计、易于学习、开源免费、可移植性、“胶水”语言等特点。

例题精选

【例 1】判断题：Python 是一种解释型语言。（　　）

【解析】

计算机是不能够直接识别高级语言的，所以当我们运行一个高级语言程序的时候，就需要一个“翻译机”把高级语言转换成计算机能读懂的机器语言。翻译方式分成两种，第一种是编译，第二种是解释。编译型语言在程序执行之前，会先通过编译器对程序执行一个称为编译的过程，把高级语言程序转换成机器语言；运行时就不需要翻译，直接执行就可以了。最典型的例子就是 C 语言。解释型语言就没有这个编译的过程，而是在程序运行的时候，通过解释器对程序逐行作出解释，解释一行，运行一行，Python 就是这种解释型语言。

【答案】✓

【例 2】判断题：Python 是一种汇编语言。（　）

【解析】

程序语言种类繁多，可以分成机器语言、汇编语言、高级语言。汇编语言又称符号语言。在不同的设备中，汇编语言对应着不同的机器语言指令集，它通常被应用在底层、硬件操作和高要求的程序优化等场合。高级语言的语法和结构更接近人类语言，且与计算机的硬件结构及指令系统无关，C#、Java、Python 等都是目前被广泛使用的高级语言。

【答案】×

【例 3】判断题：Python 是一种跨平台、面向对象的动态类型语言。（　）

【解析】

Python 支持常见的主流平台，如 AIX、HP-UX、Solaris、Linux、Windows 等，除 Windows 以外，常见的 UNIX、Linux 平台均带有原生的 Python。Python 是面向对象的编程语言，也是动态类型语言，变量可以存放数值、字符串、列表等数据，可以在执行中改变变量的类型。

【答案】√

【例 4】填空题：机器语言的指令代码为（　）和（　）。

【解析】

机器语言用二进制代码表示，它是一种机器指令的集合，能被计算机直接识别和执行，具有灵活、直接执行和速度快等特点。由机器语言编写的程序全是 0 和 1 的指令代码。

【答案】0、1

【例 5】填空题：Python 拥有（　）、（　）、（　）、（　）、（　）、（　）等特性。

【解析】

本题考查 Python 语言的特性，它具有易于理解、简化设计、易于学习、开源免费、可移植性、“胶水”语言等特点。

【答案】易于理解、简化设计、易于学习、开源免费、可移植性、“胶水”语言

巩固练习

一、单选题

1. Python 语言属于（　）。

　A. 机器语言　B. 高级语言　C. 汇编语言　D. 自然语言

2. 下列不属于 Python 特点的是（　）。

　A. 可移植性高　B. 开源免费　C. 简化设计　D. 运行效率高

3．下列关于对 Python 语言“易于理解”的阐述，不准确的是（　　）。

A．Python 语言具有较强的面向对象特征

B．Python 语言简化了面向对象的实现

C．Python 语言具有大量类似 Java 中的抽象类元素

D．Python 语言消除了接口等对象元素

4．下列不属于高级语言的是（　　）。

A．C　　B．C++　　C．Python　　D．汇编语言

5．Python 第一个版本发布于（　　）年。

A．1989　　B．1990　　C．1991　　D．1992

二、填空题

1．程序语言种类繁多，可以分成机器语言、汇编语言和（　　）。

2．（　　）语言用二进制代码表示，它是一种机器指令的集合，能被计算机直接识别和执行。

3．（　　）语言的语法和结构更接近人类语言，且与计算机的硬件结构及指令系统无关，是大多数程序员的选择。

4．Python 是一种跨平台、面向（　　）的动态类型语言。

5．Python 编写的应用程序可以运行在 Windows、UNIX、Linux 等不同的操作系统上，而且在一种操作系统上编写的代码只需要做少量修改，就可以应用到其他的操作系统上，这体现了 Python 语言的（　　）性。

1.2　Python 语言开发环境

重点知识

Python 语言是跨平台的，可以在多种操作系统上运行。在使用 Python 进行编程前，需要搭建一个 Python 的开发环境。常用的集成开发环境有 Python 内置的集成开发环境 IDLE、JetBrains 打造的 PyCharm 等。

例题精选

【例 1】单选题：Python 安装完成后，在命令提示符中执行命令（　　），可以看到安装的 Python 版本信息。

A．python　　B．python –V　　C．print()　　D．showconfig

【解析】

Python 安装完成后，在命令提示符中执行命令 python，可以打开 Python 解释器，进入交互模式。在命令提示符中执行命令 python –V，可以看到安装的 Python 版本信息。

【答案】B

【例 2】单选题：在 PyCharm 中可以按下快捷键（　　）来运行代码。

A．F5　　B．Ctrl+F5　　C．Shift+F5　　D．Ctrl+F10

【解析】

在 PyCharm 中可以按下快捷键 Ctrl+F5 或者 Shift+F10 运行程序。两者的区别在于程序在运行的时候直接按快捷键 Ctrl + F5，即可重新运行程序；而程序没有运行的时候按快捷键 Ctrl + F5，与按快捷键 Shift + F10 的作用相同，即开始运行程序。另外，单击右上角绿色的三角形“运行”按钮也可以运行程序。

【答案】B

【例 3】多选题：PyCharm 是由 JetBrains 打造的一种 Python 集成开发环境，支持（　　）系统。

A．Windows 7　　B．Windows 10　　C．macOS　　D．Linux

【解析】

PyCharm 是由 JetBrains 打造的一种 Python 集成开发环境，支持 macOS、Windows、Linux 系统。该环境具备调试、语法高亮、项目管理、代码跳转、智能提示、自动完成、单元测试、版本控制等功能。

【答案】ABCD

【例 4】单选题：使用 Python IDLE 打开 hello.py 文件，可以用快捷键（　　）。

A．Ctrl+O　　B．Ctrl+N　　C．Alt+M　　D．Alt+C

【解析】

Python IDLE 中 Ctrl+O 是打开文件的快捷键，Ctrl+N 是新建文件的快捷键，Alt+M 是打开模块代码的快捷键，Alt+C 是打开类浏览器的快捷键。

【答案】A

巩固练习

一、单选题

1．为了将 Python 安装路径添加到系统路径，Python 程序安装过程中应勾选（　　），可避免手动添加用户变量的麻烦。

A．Add Python 3.8 to Path　　B．Install Now

C．Customize installation　　D．Install launcher for all users

2．Python 的源代码文件的扩展名是（　　）。

A．pya　　B．pyth　　C．py　　D．proj

3．退出 Python 解释器的方法不能是（　　）。

A．quit()　　B．exit()　　C．Ctrl+Z　　D．end

4．Python Shell 是（　　）。

A．Python 解释器　　B．Python 命令行交互环境

C．Python 的集成开发环境　　D．Python 源文件

5．Python 交互环境的命令行提示符是（　　）。

A．>　　B．\　　C．#　　D．>>>

6．在 Python IDLE 中，新建 Python 源文件的菜单操作方法是（　　）。

A．File|New File　　B．File|Open　　C．Edit|New File　　D．Edit|Copy

7．在 Python IDLE 中，新建 Python 源文件的快捷键是（　　）。

A．Ctrl+O　　B．Ctrl+N　　C．Alt+M　　D．Alt+C

8．PyCharm 的 Community 版是指（　　）版。

A．专业　　B．企业　　C．社区　　D．收费

9．PyCharm 使用过程中，Create New Project 的作用是（　　）。

A．新建文件　　B．新建项目

C．打开项目　　D．从版本控制中检查项目

10．PyCharm 创建项目过程中，设置（　　）参数可以设置文件保存的路径。

A．Create Associations　　B．Base interpreter

C．Location　　D．update PATH variable

二、填空题

1．Python 官网提供了 Python 3.X 的安装包，其中包括（　　）、Shell 和 IDLE。

2．（　　）负责解释运行 Python 程序。

3．在命令提示符中执行命令（　　），可查看 Python 安装版本信息。

4．在 Windows“开始”菜单选择“命令提示符”命令，输入命令（　　），可进入到 Python 交互模式。

1.3 Python 语言编写规范

重点知识

在使用 Python 语言编写程序代码时，需要遵循一些规则和惯例。不规范的编写习惯不但会影响程序代码的阅读理解，甚至会造成程序运行出错。Python 使用缩进来划分代码块，通过缩进和注释使代码更加易于阅读。

例题精选

【例 1】判断题：在 Python 中可以使用“//”进行注释。(　　)

【解析】

注释是用英文、中文或其他自然语言写的一行或多行的说明性文字。Python 中的注释有单行注释和多行注释，单行注释以“#”开头，多行注释用三个单引号“'''”或者三个双引号“"""”将注释括起来。不能使用“//”进行注释。

【答案】×

【例 2】判断题：Python 建议在每个缩进层次使用单个制表符、两个空格或四个空格，它们可以混用。(　　)

【解析】

Python 使用缩进来划分代码块，同一个代码块的语句必须包含相同的缩进空格数，缩进空格数决定了代码的作用域范围。在 Python 中缩进是不能乱用的。可以在每个缩进层次使用单个制表符、两个空格或四个空格，但不能混用。

【答案】×

【例 3】填空题：(　　)是用英文、中文或其他自然语言写的一行或多行的说明性文字。

【解析】

注释是用英文、中文或其他自然语言写的一行或多行的说明性文字，用来解释代码的功能或做相关信息的标注。通过注释，能使代码更加易于阅读。

【答案】注释

【例 4】判断题：Python 程序代码第一行的语句前面留有空格。　　(　　)

【解析】

作为有效代码的第一句是不能进行缩进的，如果前面留有空格，会造成语法错误。

【答案】×

【例 5】判断题：使用 Python 语句进行编程时，如果语句太长，一行写不下，只能使用三引号拆成多行。（　　）

【解析】

当一个代码跨越多行时，可以使用续节符“\”拆成多行，但三引号定义的多行字符串可以不用续节符。

【答案】×

【例 6】判断题：使用 Python 语言编写程序时，可以留有空行。（　　）

【解析】

空行和缩进不同，空行并不是 Python 语法的一部分。使用空行是一种使程序代码更易读的编写习惯，可以使用空行分隔两段不同功能或含义的代码，以便代码的阅读及日后的维护。

【答案】√

【例 7】填空题：判断下列代码的输出结果，a、b、c 的值分别是（　　）、（　　）、（　　）。

```
a=1
b=2
c=3
'''
a=3
b=4
'''
c=5
#c=6
print(a)            # 打印 a 的值
print(b)            # 打印 b 的值
print(c)            # 打印 c 的值
```

【解析】

前三行代码，a、b、c 分别被赋予 1、2、3 的值，而 a=3 和 b=4 被一对三引号括起来，成为注释。语句 c=5，使得 c 的值被替换为 5。c=6 前面加了“#”，该行也成为注释。所以 a，b，c 将分别以 1、2、5 进行输出。

【答案】1、2、5

巩固练习

一、单选题

1．Python 采用（　　）来区分程序之间的层次。

A．{ }　　B．[ ]　　C．( )　　D．缩进

2．Python 中单行注释使用符号（　　）。

A．#　　B．""　　C．*　　D．@

3．Python 中多行注释可以使用（　　）。

A．一对单引号　　B．一对双引号　　C．一对三引号　　D．#

4．关于 Python 代码的缩进，下列说法错误的是（　　）。

A．Python 使用缩进来划分代码块

B．错误的缩进，会使程序输出结果改变，但不会造成程序报错

C．同一个代码块的语句必须包含相同的缩进空格数

D．建议在每个缩进层次使用单个制表符、两个空格或四个空格

5．根据注释及代码的缩进，判断下列代码的运行结果是（　　）。

```
n=0                     # 小明原有积分 0
x=399                   # 买鞋花 399 元
if x>=399:              # 如果 x 大于等于 399 元
    n=n+100             # 积分增加 100 分
else:                   # 否则
    n=n+5               # 积分增加 5 分
    n=n+10              # 积分增加 10 分
n=n+1                   # 积分增加 1 分
print(n)                # 打印最后的积分
```

A．100　　B.101　　C.115　　D.116

二、填空题

1．Python 用（　　）来区分代码块。

2．Python 中多行注释使用的符号是（　　）或（　　）。

3．Python 单行注释使用的符号是（　　）。

4．根据代码及缩进，下列代码的运行结果是（　　）。

```
n=0                     # 小明原有积分 0
```

```
x=399                    # 买鞋花 399 元
if x>=399:               # 如果 x 大于等于 399 元
    n=n+100              # 积分增加 100 分
else:                    # 否则
    n=n+5                # 积分增加 5 分
n=n+10                   # 积分增加 10 分
n=n+1                    # 积分增加 1 分
print(n)                 # 打印最后的积分
```

5. 运行下列伪代码，最后积分的值为（　　）。

```
积分 =100                # 当前积分 100 分
积分 = 积分 +599          # 积分在原来的基础上增加 599 分
如果    积分大于 700 分：
        买鞋子打 6 折
        积分减 500 分
否则：
        买鞋子打 8 折
        积分加 5 分
积分加 10 分
```

上 机 实 训

实训一

任务描述

安装 Python 程序，练习进入与退出 Python 交互模式，并使用 Python IDLE 编写并保存可输出“Hello World”的源程序。

解题策略

1. 从官网下载 Python 安装程序，并安装。
2. 在 Windows 的命令提示符中，输入 python，进入 Python 交互模式，使用 quit（）函数、exit（）函数或按快捷键 Ctrl+Z 可退出交互模式。

3．使用 Python IDLE 编写代码 print("Hello World")，并保存成 py 文件。

疑难解释

疑难解释见表 1-4-1。

表 1-4-1 实训一疑难解释

序号	疑惑与困难	释疑
1	选择正确的版本	根据操作系统的版本（32位或64位），从官网选择正确的Python版本
2	设置安装选项	安装向导中，在Python自定义安装界面中，勾选“Add Python.exe to Path”选项，以添加安装路径到系统路径
3	区分命令提示符和Python交互式模式	看到类似C:\>提示符是在Windows提供的命令提示符下,看到>>>提示符是在Python 交互式模式下
4	如何新建与保存文件	不能在Python Shell中保存文件，需要通过File|New File新建文件，在Python源代码编辑器中进行编写并保存代码

实训二

任务描述

安装并体验 PyCharm。

解题策略

1．下载并安装 PyCharm Community。

2．体验新建项目、新建文件、保存文件、运行文件等操作，并观察控制台区域代码显示结果。

3．尝试修改 PyCharm 界面（背景、字体）。

疑难解释

疑难解释见表 1-4-2。

表 1-4-2 实训二疑难解释

序号	疑惑与困难	释疑
1	PyCharm 的初始配置界面	在初始配置界面，可以通过 Editor colors and fonts 选择编辑器的配色方案

续表

序号	疑惑与困难	释疑
2	设置 PyCharm 的背景颜色	打开File|Settings，在Appearance &Behavior|Appearance|Theme中进行选择
3	设置PyCharm字体	打开File|Settings，在Editor|Font及Editor|color scheme|console Font中可进行相应编辑器字体、控制台字体的设置

单元习题

一、判断题

1．Python 是一种编译型语言。　（　　）

2．Python 是一种高级语言。　（　　）

3．Python 语言简化了面向对象的实现。　（　　）

4．高级语言的语法和结构更接近人类语言，且与计算机的硬件结构及指令系统无关，是大多数程序员的选择。　（　　）

5．在命令提示符中执行命令 python 可以看到安装版本信息。　（　　）

6．在 Python IDLE 中，Alt+M 是打开类浏览器的快捷键。　（　　）

7．PyCharm 拥有一般 IDE 具备的功能，如调试、语法高亮、项目管理、代码跳转、智能提示、自动完成、单元测试、版本控制等。　（　　）

8．同一个代码块的语句必须包含相同的缩进空格数。　（　　）

二、填空题

1．Python 是一种跨（　　）、面向对象的动态类型语言。

2．Python 第一个版本发布于（　　）年。

3．Python 安装完成后，在命令提示符中输入（　　）可以打开 Python 解释器。

4．PyCharm 是由（　　）开发的一种 Python IDE，支持 macOS、Windows、Linux 系统。

5．Python IDLE 中打开文件的快捷键是（　　）。

6．Python 交互环境的命令行提示符是（　　）。

7．Python 单行注释以（　　）开头。

8．Python 使用（　　）来划分代码块。

9．当一个代码跨越多行时，可以使用续节符（　　）。

10．判断下列代码的输出结果 a，b，c 的值分别是（　　）、（　　）、（　　）。

```
a=10
```

```
b=2
'''
c=3
a=3
'''
b=4
c=5
#c=6
print(a)          # 打印 a 的值
print(b)          # 打印 b 的值
print(c)          # 打印 c 的值
```

三、单选题

1．下列属于 Python 特点的是（　　）。

A．可视化程度高　B．开源免费　C．事件驱动　D．运行效率高

2. 下列关于运行 PyCharm 说法不正确的是（　　）。

A．PyCharm 按下快捷键 Ctrl+F5 可以运行程序

B．PyCharm 按下快捷键 Shift + F10 可以运行程序

C．PyCharm 按下快捷键 Shift + F5 可以运行程序

D．单击 PyCharm 右上角绿色的三角形“运行”按钮可以运行程序

3．Python 安装过程中，为了实现自定义安装，应选择（　　）。

A．Add Python.exe to Path　B．Install Now

C．Customize installation　D．Install launcher for all users（recommended）

4．在 Python IDLE 中，复制文件的菜单操作方法是（　　）。

A．File|New File　B．File|Open　C．Edit|New File　D．Edit|Copy

5． PyCharm 的 Professional 版是指（　　）版。

A．专业　B．企业　C．社区　D．免费

四、简答题

1．请简述 Python 语言的特点。

2．什么是 PyCharm？ PyCharm 有什么特点？

第2单元　Python语言的基本元素

学习目标

1．理解运算符的种类，并掌握常见运算符的使用方法和它们之间的优先级；

2．掌握常量与变量的概念，以及它们的命名规则；

3．掌握数值型、字符串型和布尔型三种常见的数据类型，并理解“列表”数据类型；

4．理解“空”在程序编写中的意义；

5．了解列表的嵌套使用。

2.1　变量与常量

重点知识

计算机程序要处理的数据必须放入内存中，Python 中的所有数据都是对象。变量是指向对象的引用，是在程序运行过程中值会发生变化的量。由于 Python 是动态类型语言，变量不需要显式地声明数据类型，而且可以在运行中变更数据类型。可以使用 type() 函数、id() 函数及变量名，分别查看变量的数据类型、标识和值。常量是在程序运行中值保持不变的量，为了与变量区分，常量一般约定用大写字母命名。

变量在使用前需要声明和赋值，否则会报错。变量名有一定的命名规则。

例题精选

【例 1】单选题：下列变量名不正确的是（　　）。

A．The_value　　B．Value1　　C．_value　　D．1_value

【解析】

变量名有一定的命名规则。主要的规则有：

（1）只能包含字母、数字和下画线。

（2）不能以数字开头。

（3）英文字母区分大小写。

(4) 不能使用系统关键字作为变量名。

(5) 不建议使用系统内置函数名、类型名、模块名来定义变量。

(6) 建议养成良好的编程习惯，遵循大驼峰、小驼峰、下画线等命名法规范地命名变量。

【答案】D

【例 2】填空题：运行命令 a=b=c=123 之后，b 的值是（　　）。

【解析】

Python 中可以使用链式赋值，给多个变量赋予同一个值。a=b=c=123 等同于“c=123; b=c;a=b”，因此 b 的值是 123。

【答案】123

【例 3】单选题：下列代码的运行结果是（　　）。

```
a=b=c=5
a=a+1
c=3
print(A)
```

A．5　　B．6　　C．3　　D．报错

【解析】

在 Python 中，变量名是区分大小写的，也就是说题中变量 a 和变量 A 是不同的两个变量。因为变量在使用时必须先声明和赋值，代码 print(A) 含有未声明赋值的变量 A，因此代码将报错。

【答案】D

【例 4】单选题：下列选项不是 Python 关键字的是（　　）。

A．as　　B．final　　C．not　　D．with

【解析】

可以使用以下代码查看 Python 的关键字：

```
import keyword
print(keyword.kwlist)
```

程序结果显示，Python 的关键字有：

```
'False', 'None', 'True','--peg-parser--', 'and', 'as', 'assert', 'async',
'await', 'break', 'class', 'continue', 'def', 'del', 'elif', 'else', 'except',
```

```
'finally', 'for', 'from', 'global', 'if', 'import', 'in', 'is', 'lambda',
'nonlocal', 'not', 'or', 'pass', 'raise', 'return', 'try', 'while', 'with', 'yield'
```

【答案】B

【例 5】判断题：已知 a=3，id(3)=140723376281312，执行语句 a=a+3 之后，id(a) 的值也是 140723376281312。（　　）

【解析】

Python 中的所有数据都是对象，3 是对象，6 也是对象。数字 3 和 6 是不同的对象，拥有不同的 id。变量是指向对象的引用。执行 a=a+3 之后，a 从指向 3 变为指向 6，id(a) 的值也会发生相应的变化。

【答案】×

【例 6】判断题：已知 x=3，那么赋值语句 x ="abc" 是无法正常执行的。（　　）

【解析】

由于 Python 是动态类型语言，变量不需要显式声明数据类型，而且可以在运行中变更数据类型。变量 x 可以从数值型改变成其他数据类型，如题中的字符串 "abc"，所以语句 x="abc" 是能正常执行的。

【答案】×

【例 7】判断题：Python 不允许使用关键字作为变量名，但是允许使用内置函数名作为变量名，不过这会改变函数名的含义。（　　）

【解析】

Python 不允许使用关键字作为变量名，但是允许使用内置函数名作为变量名，不过这会改变函数名的含义。因此不建议使用内置函数名、类型名、模块名来定义变量。使用语句 dir(__builtins__) 可查看所有的内置函数、类型、模块。

【答案】√

【例 8】判断题：Python 变量需要规范命名，让变量名“见名知意”，如用小驼峰命名法定义变量名 MyStudentNumber 来表示学号。（　　）

【解析】

养成良好的编程习惯，要以“见名知意”的原则来命名变量，并遵循下列命名规范。

（1）大驼峰命名法：每一个单词首字母要大写。如 MyName=" 张三 "

（2）小驼峰命名法：首字母小写，其余单词首字母大写。如 myName=" 张三 "

（3）下画线命名法：每一个单词之间以下画线相连。如 my_name=" 张三 "

本题中的变量名 MyStudentNumber 采用的是大驼峰命名法。

【答案】×

巩固练习

一、单选题

1．Python 中变量的命名不能以（　　）开头。

A．大写字母　　B．小写字母　　C．数字　　D．下画线

2．每个单词首字母都大写的命名法是（　　）。

A．大驼峰命名法　　B．中驼峰命名法　　C．小驼峰命名法　　D．下画线命名法

3．下列变量名不合法的是（　　）。

A．abc　　B．3bc　　C．As　　D．a_bc

4．下列变量名合法的是（　　）。

A．else　　B．1x　　C．my book　　D．x2

5．下列变量名合法的是（　　）。

A．from　　B．Form 1　　C．test　　D．for

6．下列变量名合法的是（　　）。

A．if　　B．for　　C．break　　D．_1a2b

7．用来给变量赋值的符号是（　　）。

A．=　　B．==　　C．>　　D．>>>

8．下列属于小驼峰命名法命名的变量是（　　）。

A．Myfirstname　　B．MyFirstName　　C．myFirstname　　D．myFirstName

9．变量名 car-driver 采用的是（　　）。

A．小驼峰命名法　　B．大驼峰命名法　　C．下画线命名法　　D．不合法命名

10．Python 中 type() 函数的作用是（　　）。

A．改变对象的类型　　B．返回数据的地址

C．返回对象的类型　　D．返回变量值

11．下列代码的运行结果是（　　）。

```
a="abc"
a=3
print("a")
```

A．"abc"　　B．3　　C．a　　D．出错

12．下列代码的运行结果是（　　）。

```
number=10#0
```

```
#number="a"
print(number)
```

A．10#0　　B．"a"　　C．10　　D．出错

13．下列代码的运行结果是（　　）。

```
a=0;b=0;c=0
str1="a"
print(aFloat)
```

A．0.0　　B．"a"　　C．str1　　D．出错

14．下列变量定义错误的有（　　）个。

```
X=100
X=200
My_name="jzy"
and=0.14
Jack&rose="泰坦尼克"
```

A．0　　B．1　　C．2　　D．3

15．下列适合作为常量名的是（　　）。

A．PI　　B．3.1415926　　C．pi　　D．以上均不合适

二、填空题

1．变量是指在程序运行过程中值会（　　　　）的量。

2．每个变量在使用前必须先（　　　　）才能被使用。

3．Python 中的变量赋值不需要显式地（　　　　），它会根据赋值或运算的结果自动判断变量的（　　　　）。

4．变量具备三个特征：（　　　　）、（　　　　）和（　　　　）。

5．获取变量标识的方法是：（　　　　）。

6．获取变量类型的方法是：（　　　　）。

7．获取变量值的方法是：（　　　　）。

8．常量是在程序运行中值保持不变的量，一般约定使用（　　　　）表示常量。

9．Python 中变量的命名只能包含（　　　　）、（　　　　）和（　　　　）。

10．Python 中变量的命名要以（　　　　）的原则来命名。

11．使用语句（　　　　）可查看所有的内置函数、类型、模块。

2.2　运算与连接的符号

重点知识

表达式是 Python 中可以进行计算的代码片段，由操作数和运算符构成。操作数、运算符按照一定的规则连接在一起，通过运算得到结果。

Python 具有丰富的运算符，如算术运算符、关系运算符、赋值运算符、逻辑运算符和成员运算符等。

如果一个表达式中包含多个运算符，计算顺序取决于运算符的优先级和结合顺序，优先级高的运算符先运行，同一优先级的运算符按照从左到右的顺序依次运算。可以通过（ ）强制改变运算顺序。

例题精选

【例 1】单选题：x="abc"，y=2，print(x+y) 的运行结果是（　　）。

A．abc2　　B．abcabc　　C．TypeError　　D．2

【解析】

运算符“+”在算术运算中可以作为“加”运算，还可以将两个字符串连接，如 "abc"+"abc" 的结果为 "abcabc"。但是运算符“+”两边的操作数要求是同一个类型，不能将数值和字符串通过“+”进行运算，因此题中“x+y”将出现数据类型报错。

【答案】C

【例 2】单选题：下列表达式的值为 True 的是（　　）。

A．5+4<2−3　　B．3>2%2　　C．a>5 and b==4　　D．"XYZ">"abc"

【解析】

A．算术运算符的优先级高于关系运算符，因此先运算算术运算 5+4 和 2−3，得到 9 和 −1；再进行关系运算 9<−1，得到结果为 False。

B．“%”是算术运算符中的取模运算符，先进行算术运算 2%2，得到结果 0；再进行关系运算 3>0，结果为 True。

C．关系运算优先级高于逻辑运算。此选项中，a 和 b 都是变量，但未被赋予具体的值，在进行关系运算时将出错。

D．字符串进行比较时，是根据字符的 ASCII 码大小进行比较，大写字母的 ASCII 码小于小写字母的 ASCII 码，因此 "XYZ">"abc" 的结果为 False。

【答案】B

【例 3】填空题：5>4>3 的结果是（　　）。

【解析】

在数学中，5>4>3 很明显是对的，但如果用 Python 运算符一步步运算，会发现 5>4 结果为 True，而 True>3 结果却是 False。为了解决这种问题，当连续几个比较运算符一起运算时，Python 提供了链式比较。题中 5>4>3 等同于 5>4 and 4>3，因此本题结果为 True。同样的问题 3>2==2 也等同于 3>2 and 2==2，结果也是 True。

【答案】True

【例 4】填空题：计算 $2^{30}+3\times5$ 的 Python 表达式为（　　）。

【解析】

Python 使用“**”作为幂运算符，使用“*”作为乘法运算符，因此 $2^{30}+3\times5$ 的 Python 表达式为 2**30+3*5。

【答案】2**30+3*5

【例 5】填空题：已知变量 x 的值为浮点数，将 x 精确到小数点后 1 位的表达式为（　　）。

【解析】

将一个浮点数精确到小数点后 N 位，可以使用公式 int(x*10^N+0.5)/10^N。它的原理是先把 x 扩大 10^N 倍，如果小数点后 N+1 位的数是 0 ～ 4，加上 0.5 后并不会使 x*10^N 的整数部分变化。反之，如果小数点后 N+1 的数是 5 ～ 9，加上 0.5 后，x*10^N 的整数将加 1。再使用 int() 函数取整数部分，再除以 10^N，移动小数点到原来的位置。

【答案】int(x*10+0.5)/10

【例 6】填空题：表达式 "" and 5>4 or not bool(None) 的运算结果是（　　）。

【解析】

本题主要涉及逻辑运算及数据的布尔值运算，并包括运算顺序问题。通过加括号的方法可以将表达式表示为 ("" and (5>4)) or (not bool(None))。其中 "" and (5>4) 等同于 "" and True，由于 "" 的逻辑值为 False，因此 "" and (5>4) 的结果为 False 。bool() 是求逻辑值的函数，None 的逻辑值为 False，not bool(None) 的结果为 True。最后表达式简化为 False or True，结果为 True。

【答案】True

【例 7】填空题：表达式 "ab" in "acbed" 的值为（　　）。

【解析】

成员运算符 in 和 not in 用来判断一个元素是否在一个序列中，返回逻辑值 True 或 False。判断一个字符串是否在另一个字符串中，需要根据其连续的字符串整体是否在另一个字符串中也同样连续存在。题中 "acbed" 中虽然也有 "a" 和 "b"，但没有 "ab"。因此，本题结果为 False。

【答案】False

【例 8】编程题：计算 5/2、5\2、5//2、5%2、5.0%2 的结果。

【解析】

5/2 是 5 除以 2，结果是 2.5。

\ 是续行符或在转义字符中使用。5\2 是错误的表示方法，将报错。

5//2 是 5 整除 2，取整数部分，结果是 2。

5%2 是取 5 除以 2 的余数，结果是 1。

5.0%2 是取 5.0 除以 2 的余数，结果是 1，因为整数和浮点数的运算结果是浮点数，所以结果是 1.0。

【答案】2.5　　报错　　2　　1　　1.0

巩固练习

一、单选题

1．a,b,c="Hello"，"Python"，3，那么 b 的值是（　　）。

A．Hello　　B．Python　　C．"Python"　　D．3

2．逻辑运算符的优先级从高到低依次是（　　）。

A．and、or、not　　B．not、and、or　　C．not、or、and　　D．or、and、not

3．算术运算符、成员运算符、关系运算符、逻辑运算符存在于同一表达式中时，优先级从高到低依次是（　　）。

A．算术运算符 > 成员运算符 > 关系运算符 > 逻辑运算符

B．算术运算符 > 成员运算符 > 逻辑运算符 > 关系运算符

C．算术运算符 > 关系运算符 > 成员运算符 > 逻辑运算符

D．算术运算符 > 关系运算符 > 逻辑运算符 > 成员运算符

4．在表达式运算中，（　　）可以提升优先级。

A．(　　)　　B．[ ]　　C．{　　}　　D．<　>

5．Python 中的算术运算符“**”是指（　　）。

A．2 次方　　B．幂　　C．乘以 2　　D．不存在该符号

6．Python 中的算术运算符“%”是指（　　）。

A．求百分比　　B．取整　　C．取模　　D．幂运算

7．Python 中表示除的算术运算符是（　　）。

A．\　　B．%　　C．/　　D．//

8．已知 a=3，b=6，a//b 的结果是（　　）。

A．0.5　　　B．3　　　C．2　　　D．0

9．已知 a=5，b=2，a%b 的结果是（　　）。

A．2.5　　　B．10　　　C．1　　　D．25

10．3 or 5 的运算结果是（　　）。

A．3　　　B．5　　　C．True　　　D．False

二、填空题

1．如果一个已定义的变量被赋予新值，新的值会（　　　）该变量中原先存储的值。

2．用 Python 语言表达出算式 $6x+7y+x^2$：（　　　　　）。

3．用 Python 语言表达出算式 $\sqrt{a^2+b^2}$：（　　　　　）。

4．用 Python 语言表达出算式 $V=\frac{4}{3}\pi r^3$：（　　　　　）。

5．用 Python 语言表达出算式 $\frac{x}{y}+x^2+x^3$（　　　　　）。

6．Python 定义的数据类型布尔型（bool）有两个常量（　　　）和（　　　）。

7．3+4>2+5 的值为（　　　）。

8．2**3==6 的值为（　　　）。

9．print((3+4)*2>=7) 的结果是（　　　）。

10．print(3/2==1) 的结果是（　　　）。

11．89!="89" 的值为（　　　）。

12．判断某个对象的逻辑值可以使用（　　　）函数。

13．在 Python 逻辑运算中，数字零的逻辑值是（　　　）。

14．已知“a=4;b=2;c=1”，则 print(b+c>=a)，print(a//2==b)，print(b*c!=a) 的运行结果分别是（　　　）、（　　　）、（　　　）。

15．bool(−2) 的值是（　　　）。

16．逻辑运算 x and y，如果 x 为 True，则取决于（　　　）的值。如果 x 为 False，则返回的值为（　　　）。

17．print(3<4>2) 的结果为（　　　）。

18．print(2+3 or 2<3 or 3<5) 的结果为（　　　）。

19．bool("Python") 的值为（　　　）。

20．2+3%2<2 and 2 的值为（　　　）。

21．2*(1+2) and 3!=5 or 3> 4 的值为（　　　）。

22．4//2 and 7 的值为（　　　）。

23．5%2!=1 or not 1 的值为（　　　）。

24．3<5 and 5>2 or 1 的值为（　　　）。

25．已知“a=3;b=5;c=7”，print(a+2<b or b+2<c) 的结果为（　　　　），print(a==1+2 and b==c−a) 的结果为（　　　　）。

2.3　基本数据类型

重点知识

Python 提供了多种数据类型，主要有布尔型、数值型、字符串、列表、元组、字典、集合等。其中，布尔值只有 True 和 False 两个值，在逻辑运算中已提及。

数值型有整型、浮点型、复数三种形式，三者之间可以通过函数进行转换。其中，整型和浮点型数值可以通过 complex() 函数转换成复数类型；整型数值可以通过 float() 函数转换成浮点型；浮点型数值也可以通过 int() 函数转换成整型；但复数数值不能转换成整型或浮点型。

它们三者之间进行运算，数值的类型将根据“复数 > 浮点型 > 整型”的优先级进行转换，如浮点型和整型进行运算，结果是浮点型。

字符串是不可变序列，可以通过索引读取字符串中的字符，也可以用字符串切片获得字符串中的一段字符。字符串还可以进行拼接、重复等操作。

特殊符号（不可打印字符），可以通过转义字符进行表示。转义字符以反斜杠“\”开始，紧跟一个字母。如 \n 表示换行，\t 表示制表符。

列表是可变序列，用一对方括号“[]”表示，其中的元素用逗号隔开。列表中可以存放各种数据类型。列表还支持索引访问、切片操作、连接操作、重复操作、添删改元素等操作。

例题精选

【例 1】选择题：下列不属于整型数值的是（　　）。

A．5E5　　B．0b01　　C．0xabc　　D．100

【解析】

整型有多种表示方法，常用的有十进制整型、二进制整型（以 0b 开头）、八进制整型（以 0o 开头）、十六进制整型（以 0x 开头）。不同进制的整型数值，其数码是有限制的。如八进制的数码有 0、1、2、3、4、5、6、7，不能出现其他字符。题中，0b01 是二进制整数，0xabc 是十六进制整数，100 是十进制整数，而 5E5 是浮点数，相当于 500000.0。

【答案】A

【例 2】填空题：已知 path=r"c:\test.html"，那么表达式 path[:-4]+"htm" 的值为（　　）。

【解析】

本题有一定的难度，首先，需要了解 r 是防止字符转义的。本题路径中出现 \t，如果不加 r，\t 就会被转义，加了 r 之后，\t 就能保留原有的样子。但当 path 变量输出时，为保持 \ 也输出，path 中的字符串是 c:\test.html。其次，path[:-4] 是采用切片的方式截取字符串，截取的是 path 字段中从第一个索引开始，到倒数第四个索引前的索引之间的字符。最后，+ 此处用于字符串连接。

【答案】"c:\test.htm"

【例 3】填空题：list(str([1,2,3])) == [1,2,3] 的值为（　　）。

【解析】

本题考查的是：将列表转换成字符串，然后再将字符串转换成列表，两个列表是否一致。str([1,2,3]) 的结果是 [1, 2, 3]，注意这里是含有逗号和空格的，再用 list() 转换为列表时，其中的逗号、空格都将作为列表中的元素。list(str([1,2,3])) 的结果是 ['[', '1', ',', ' ', '2', ',', ' ', '3', ']']，已经不是原本的 [1,2,3]，因此不相等。

【答案】False

【例 4】填空题："Hello world!"[4:10] 的值为（　　）。

【解析】

要访问字符串中的一段字符，可以用字符串名 [起始索引：结束索引] 的方法来表示。这种方法称为“字符串切片”。需要注意的是：切片产生的字符串不包含结束索引位置的字符；另外，索引是从 0 开始，而不是从 1 开始。

因此，"Hello world!"[4:10] 的值为 "o worl"。

【答案】"o worl"

【例 5】填空题：已知列表 x=[1, 2, 3, 4]，那么执行语句 del x[1] 之后 x 的值为（　　）。

【解析】

列表是可变元素，可进行添加、删除、修改元素等一系列操作。列表可以用索引表示列表中的元素，索引从 0 开始，1 是第二个，del x[1] 即删除列表 x 的第二个元素。语句的执行结果为 [1, 3, 4]。

【答案】[1, 3, 4]

【例 6】填空题：表达式 [1,2]*3 的值为（　　）。

【解析】

列表和字符串都可以通过“*”做重复操作，[1, 2] * 3 表示重复 3 次，结果是 [1, 2, 1, 2, 1, 2]。

【答案】[1, 2, 1, 2, 1, 2]

【例 7】填空题：表达式 [1]in[1,2,3] 的值为（　　）。

【解析】

列表 [1,2,3] 的元素有三个，分别是 1、2、3。[1] 也是列表，它含有一个元素 1，因此列表 [1] 不是列表 [1,2,3] 中的元素。表达式 [1]in[1,2,3] 的值为 False, 而表达式 [1]in[[1],2,3] 的值是 True。

【答案】 False

【例 8】 判断题：Python 列表中的所有元素必须为相同类型的数据。(　　)

【解析】

列表中可以存放各种数据类型，列表中的元素甚至可以是列表，这种情况称为列表的嵌套。

【答案】 ×

【例 9】 判断题：字符串和列表都是有序序列，都支持双向索引。(　　)

【解析】

字符串和列表都是有序序列，都可以用索引。索引分正向索引和反向索引。正向索引从左到右索引号依次是 0、1、2、3、…；反向索引使用负值，表示从末尾提取，最后一个元素索引号为 -1，倒数第二个元素索引号为 -2。

列表中可以存放各种数据类型，列表中的元素甚至可以是列表，这种情况被称为列表的嵌套。

【答案】 √

巩固练习

一、单选题

1．下列属于整型数值的是（　　）。

A．10e5　　B．-1.5　　C．-0　　D．1.2E3

2．浮点型转换成整型的函数是（　　）。

A．float()　　B．int()　　C．complex()　　D．Int()

3．下列不属于整型数值的是（　　）。

A．10　　B．0b00101　　C．0xABC　　D．0o1.5

4．已知 a=2，b=5，c=1.5e3，print(a*c) 的结果是（　　）。

A．10　　B．1.5e6　　C．3000　　D．3000.0

5．字符串标识符（　　）支持多行字符串。

A．"　　B．""　　C．"""　　D．\

6．使用（　　）可以输出换行符。

A．\r　　B．\t　　C．\n　　D．\\

7．列表中的所有元素放在一对（　　）中，并以（　　）分隔。

A．[]　;　　B．[]　,　　C．()　;　　D．()　,

8．下列不是 Python 的数据类型的是（　　）。

A．数值　　B．字符串　　C．数组　　D．列表

9．已知 list1=[1,2,3]，print(list1*2) 的结果是（　　）。

A．[2,4,6]　　B．[[1,2,3],[1,2,3]]　　C．[1, 2, 3, 1, 2, 3]　　D．[1, 1, 2, 2, 3, 3]

10．已知 l1=[1,2,3]，l2=l1，l2[2]=1，print(l1) 的结果是（　　）。

A．[1,2,3]　　B．[1,1,3]　　C．[1,2,1]　　D．[2,1,3]

11．已知 s1="123"，s2="456"，s1+s2 的结果是（　　）。

A．"579"　　B．"123456"　　C．579　　D．报错

12．已知 s1="JPthon1"，执行 del s1[1] 后，（　　）。

A．s1 变量发生改变，存储的数据是 Pthon1

B．s1 变量发生改变，存储的数据是 Jthon1

C．s1 变量发生改变，存储的数据是 JPthon

D．由于执行 del s1[1] 报错，s1 中存储的仍是 "JPthon1"

二、填空题

1．Python3 中的数值型有（　　　）、（　　　）和（　　　）三种形式。

2．复数是数学中的概念，复数有（　　　）部分和（　　　）部分。

3．整型数值转换成浮点型数值的函数是（　　　）。

4．整型、浮点型数值转换成复数的函数是（　　　）。

5．已知 a=2，b=5，c=1.5e3，print(c+b/a) 的结果是（　　　）。

6．字符串标识符（　　　）支持多行字符串。

7．使用转义符（　　　）可以输出回车。

8．使用转义符（　　　）可以输出制表符。

9．已知 S="Hello Python"，S[1]=（　　　），S[4:9]=（　　　）。

10．“字符串切片”方法切片产生的字符串不包含（　　　）位置的字符。

11．已知 S1="www.baidu.com"，S1[:]=（　　　）。

12．某商场里，一批食品的序列号为 12 位字符串 str1（如 zj2020081110），序列号的编制规则为：前两位是产地代码，中间 8 位是生产日期的年月日，最后两位是有效期为几个月。用字符串访问的方法读取这批产品的生产日期，可以表示为（　　　）。

13．关于可变序列和不可变序列的元素访问规则，在表 2-3-1 中用√、× 填充完整。

表 2-3-1　元素访问规则

	读取	添加	删除	修改
可变序列				
不可变序列				

上 机 实 训

实训一

任务描述

已知三角形三条边的边长，求三角形的面积（为简单起见，假设三角形的三条边能够构成三角形）。

解题策略

已知三角形三条边的边长，可以通过三角形面积公式 $S=\sqrt{p(p-a)(p-b)(p-c)}$ 求得面积，其中 a,b,c 分别为三角形三条边的边长，p 为三角形周长的一半，即 $(a+b+c)/2$。

可以通过 input() 函数得到 a，b，c 的值，计算得到三角形的面积。

疑难解释

疑难解释见表 2-4-1。

表 2-4-1　实训一疑难解释

序号	疑惑与困难	释疑
1	如何开根号	方法有两种：一是使用幂运算符“**”，平方根即0.5次方，例如(p(p-a)(p-b)(p-c))**0.5；二是使用sqrt()函数，不过该函数使用前需导入math库，方法是import math
2	input()得到的数据是字符串，需要转换成数值才能进行运算	考虑到边长不一定是整数，可以使用float()函数将输入的值转换成浮点数。例如，a=float(input("请输入三角形的边长a："))

实训二

任务描述

根据提示，填写完整代码，并将输出结果填写到下面的方框中。

```
list1=[100,200,300,"student","teacher"]
list2=["a1","b1","c1","d1","e1"]
list3=[list2,[12,343]]
list4=______________          #list4 的内容是 list1 和 list2 的连接
print(list1)
print(list4)
____________________          # 更改 list1 第 2 个元素的值为 "b"
____________________          # 更改 list2 第 1，2，3 个元素值为 1，2，3
____________________          # 删除 list3 的第 1 个元素
print(list1)
print(list2)
print(list3)
```

将输出结果填写到下框中。

解题策略

本题涉及列表的基本操作，列表可以进行添加、删除、修改元素操作。列表在进行添加或删除操作时，需要用到列表元素的索引。列表还能进行连接、重复等操作。

疑难解释

疑难解释见表 2-4-2。

表 2-4-2 实训二疑难解释

序号	疑惑与困难	释疑
1	列表连接	两个列表连接可以用加号“+”，题中list4的内容是list1和list2的连接，即list4=list1+list2。执行后list4的值为[100, 200, 300, "student", "teacher", "a1", "b1", "c1", "d1", "e1"]
2	更改list1第2个元素的值为"b"	列表索引从0开始，list1的第2个元素用list1[1]表示。将list1第2个元素的值更改为b，用语句list1[1]="b"表示。修改后list1的值为[100,"b",300,"student", "teacher"]

续表

序号	疑惑与困难	释疑
3	更改list2第1、2、3个元素值为1、2、3	list2第1、2、3个元素用list2[:3]表示。更改list2第1、2、3个元素值为1、2、3，可用语句list2[:3]=1,2,3表示。修改后list2的值为[1, 2, 3, "d1","e1"]
4	删除list3的第1个元素	删除列表元素可用del命令。删除list3的第1个元素，可用语句del list3[0]表示。需要注意的是：list3的第一个元素也是一个列表，即原本的list2。删除后list3的值为[[12, 343]]

单元习题

一、判断题

1．Python 变量命名时，英文字母不区分大小写。 （　　）

2．Python 中变量的命名不能以下画线开头。 （　　）

3．如果定义了一个变量名为 hella，由于拼写错误，它将不能解析为变量。 （　　）

4．Python 中变量的命名一定要用小驼峰命名法。 （　　）

5．Python 中变量的命名要养成良好的编程习惯，要以“见名知意”的原则来命名变量，如 my_name=" 张三 "。 （　　）

6．使用下标访问列表的元素时，如果指定的下标不存在，则会报错。 （　　）

7．小驼峰命名法是指每一个单词首字母大写，如 MyName=" 张三 "。 （　　）

8．两个相同类型的序列才能进行连接操作。 （　　）

9．在 Python 的逻辑运算中，空值不能表示为真或假。 （　　）

10．Python 的成员运算符可以判断一个字符是否属于一个字符串。 （　　）

11．整型、浮点型数值都可以通过函数转换成复数。 （　　）

12．列表中的所有元素必须具有相同的数据类型。 （　　）

13．用 int() 函数将浮点型数值转换成整型时，其小数部分将四舍五入。 （　　）

14．所有的字符串只要两端加引号，就会原样输出。 （　　）

15．表达式 [3]in[1,2,3] 的值为 True。 （　　）

16．使用 del 命令可以删除字符串中的某个元素。 （　　）

二、填空题

1．print("\"hi lucy\"\nWelcome to the world of Python") 的输出结果是（　　　　）。

2．创建列表可以用（　　　　）函数将一个对象转换为列表。

3．语文成绩、数学成绩、英语成绩分别存放在变量 score1、score2、score3 中，写出满足下列条件的表达式。

（1）语文、数学都大于等于 60 分：(　　　　　)。

（2）总分大于 180 分：(　　　　　)。

（3）三门课中至少有一门及格，及格分数为 60 分：(　　　　　)。

（4）语文、数学两门课总分不低于 150 分，并且英语高于 85 分：(　　　　　)。

4．字符比较大小时，数字、大写字母、小写字母三者之间从大到小分别是（　　　　　）、（　　　　　）、（　　　　　）。

5．已知消费总金额放在 pay 变量中，根据要求写出相应表达式：

（1）消费总金额超过 600 元：(　　　　　)。

（2）消费总金额为 800 ～ 1000 元，或者消费总金额低于 300 元：(　　　　　)。

（3）消费总金额为 888 元：(　　　　　)。

（4）不高于 500 元或者大于 1000 元：(　　　　　)。

6．已知变量 x 的值为浮点数，写出 x 精确到小数点后 3 位的表达式：(　　　　　)。

7．已知有变量 x, 写出判断变量 x 值为整数的表达式：(　　　　　)。

8．已知 list1=[" 星期一 ", " 星期二 ", " 星期三 ", " 星期四 ", " 星期五 ", " 星期六 "," 星期天 "]，str1="abcdef"

print(" 周一 " not in list1) 的结果为（　　　　　）。

print("abd" in str1) 的结果为（　　　　　）。

9．逻辑运算 x or y，如果 x 为 True，则返回（　　　　　）值，否则返回（　　　　　）值。

10. 假设列表对象 aList 的值为 [3, 4, 5, 6, 7, 9, 11, 13, 15, 17]，那么切片 aList[3:7] 得到的值是（　　　　　）。

三、单选题

1．下列不能作为变量名的是（　　）。

A．A1　　B．_1a　　C．Hello　　D．P&G

2．int(−1.7) 的值是（　　）。

A．−2　　B．−1　　C．1　　D．2

3．10.0/2*3.4+int(5.2) 的值是（　　）。

A．22　　B．22.0　　C．6　　D．6.0

4．已知 x=1.4567，y=int(x*100+0.5)/100，print(y) 的结果是（　　）。

A．1.45　　B．1.46　　C．1.47　　D．1.48

5．查看数据类型的函数是（　　）。

A．type()　　B．id()　　C．class( )　　D．int()

6．print(type([1,2,3])) 的结果是（　　）。

A．<class 'list'>　　B．<class 'tuple'>

C．<class 'int'>　　D．<class 'dict'>

7．已知 s1="123"，s1*3 的结果是（　　）。

A．"369"　　B．"123123123"　　C．"123,123,123"　　D．报错

8．已知列表 list1=[3,4,5,6,7,8,[9,10],"11"]，那么 list1[5:7] 的结果是（　　）。

A．[7,8, [9, 10]]　　B．[7,8]　　C．[8, [9, 10],"11"]　　D．[8, [9, 10]]

9．已知 s1="abc"，list1=[3,4,5]+list(s1)，则 print(list1) 的结果是（　　）。

A．[3, 4, 5, 'abc']　　B．[3, 4, 5, 'a', 'b', 'c']

C．[[3, 4, 5], 'abc']　　D．报错

10. 已知 x=[3, 5, 7]，那么执行语句 x[1:]=[2] 之后，x 的值为（　　）。

A．[2, 5, 7]　　B．[3, 2, 7]　　C．[3,2]　　D．[3,[2]]

四、多选题

1．不能将（　　）作为 Python 语言的变量名。

A．函数名　　B．关键字　　C．英文单词　　D．拼音

2．下列属于 Python 关系运算符的有（　　）。

A．=　　B．!=　　C．==　　D．>=

3．空对象包括（　　）等。

A．数字零　　B．None　　C．空元组　　D．空对象

4．在 Python 中，逻辑运算符主要有（　　）。

A．and　　B．or　　C．not　　D．xor

5．Python 的成员运算符有（　　）。

A．in　　B．not　　C．not in　　D．is

6．Python 中数值转换函数有（　　）。

A．int()　　B．float()　　C．complex()　　D．type()

7．以下数值属于浮点型的有（　　）。

A．0.5　　B．10+5j　　C．–2E3　　D．–11

8．已知 S="Hello Python"，要表示字符串 Python，可以用（　　）。

A．S[6:11]　　B．S[6:12]　　C．S[6:]　　D．S[7:12]

9. 下列选项属于 Python 中的列表的有（　　）。

A．list1=[2,"abc"]　　B．list1="123"

C．list2=[1,2,[1,2,3]]　　D．list2="1 2 abc"

10. 列表中的元素可以（　　）。

A．读取　　B. 添加　　C．删除　　D．修改

11．关于 a or b，下列描述正确的有（　　）。

A．如果 a 为 True，不管 b 是多少，都输出 a 的值

B．如果 a 为 True，不管 b 是多少，都输出 True 值

C．如果 a 为 False，不管 b 是多少，都输出 False 值

D．如果 a 为 False，不管 b 是多少，都输出 b 的值

五、编程题

1．输入两个数 a、b，求两数之和 $(a+b)$，两数之差 $(a-b)$，两数之积 $(a*b)$，两数的平方差（a^2-b^2）。

2．输入本金 b，年利率 r，年数 n，计算最终的收益 $v=b(1+r)^n$。结果保留两位小数。

第3单元 Python程序中的逻辑关系

学习目标

1．理解顺序结构、选择结构和循环结构的概念；

2．掌握顺序结构、选择结构和循环结构的逻辑过程；

3．掌握 if、for、while 的语法；

4．理解嵌套语句；

5．理解循环控制语句的使用（break，continue，pass）；

6．掌握使用三大结构解决实际问题的方法。

3.1 顺序结构

重点知识

1．Python 程序在执行之前，首先检查是否存在语法错误。若有语法错误，则程序提示异常，并停止执行语句；若无语法错误，则通常是自上而下逐条执行语句。

2．顺序结构程序在执行时不会“拐弯”，只能逐条语句执行，直到执行完最后一条语句。

3．在编写顺序结构的程序时，需要将功能转换成解决该问题的步骤，再将每个步骤转换成对应的程序语句。

4．在编写程序时，代码应简洁、易于阅读。

例题精选

【例 1】编程题：简单问候程序。从键盘接收用户输入的姓名，并打印输出问候语。运行结果如图 3-1-1 所示。

```
请输入你的姓名：Bob
你好，Bob
```

图 3-1-1　简单问候程序运行结果

【解析】

（1）接收用户输入姓名，并将该字符串赋值给变量 name。

（2）使用 print 函数将变量 name 的值结合问候语一并输出。

（3）流程图如图 3-1-2 所示。

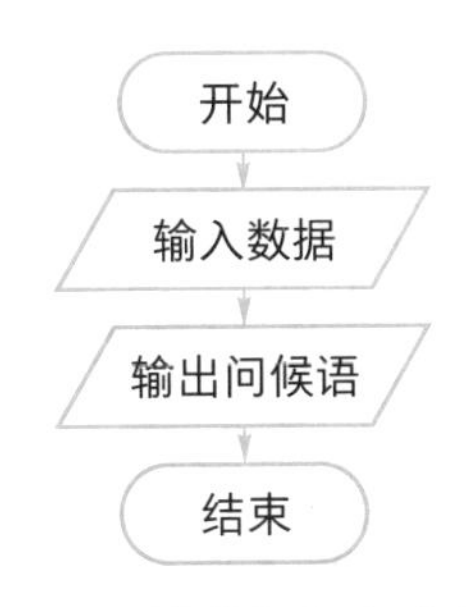

图 3-1-2　简单问候程序流程图

【答案】

根据上述分析，程序语句为：

```
name=input("请输入你的姓名：")
print(f"你好，{name}")
```

【例 2】编程题：计算销售额。接收用户输入的商品价格和销量，计算销售额并输出。运行结果如图 3-1-3 所示。

【解析】

（1）接收用户输入的商品价格和销量，将它们分别赋值给变量 price 和变量 num。

（2）分别对变量进行类型转换，price 转为 float 类型，num 转为 int 类型。

（3）将转换后的 price 与 num 进行乘积，将结果赋给变量 total。

（4）将变量 total 输出。

（5）流程图如图 3-1-4 所示。

```
请输入商品价格：249.5
请输入商品销量：101
商品销售额为：25199.5
```

图 3-1-3　计算销售额运行结果

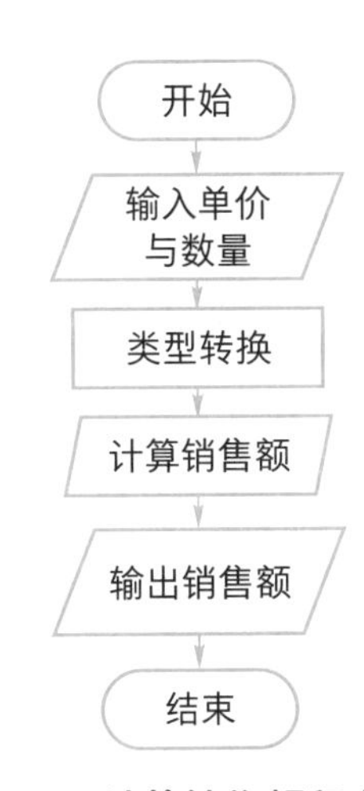

图 3-1-4　计算销售额程序流程图

【答案】

根据上述分析，程序语句为：

```
price=input("请输入商品价格：")
num=input("请输入商品销量：")
price=float(price)
```

```
num=int(num)
total=price*num
print(f"商品销售额为:{total}")
```

巩固练习

一、单选题

1．执行以下代码，输出结果为（　　）。

```
a=65535
print(a)
```

A．65535　　B．-1　　C．-32767　　D．1

2．执行以下代码，输出结果为（　　）。

```
x=-1023.012
print("%.2f" % x)
print("%.0f" % x)
```

A．1023.01, -1023.012　　B．-1023.01, -1023.0

C．1023.012, -1023.012　　D．-1023.01, -1023

3．对应以下定义和输入语句，正确的数据输入是（　　）。

```
a1=eval(input())
a2=input()
a3=eval(input())
a4=input()
```

A．10　20　A　B　　B．10　A　20　B

C．A　20　10　B　　D．A　B　10　20

4．执行以下代码，输出结果为（　　）。

```
x=13
y=6
y=y/2
x=x%y
```

```
print(x)
```

A．1　　B．2　　C．1.0　　D．0

5．执行以下代码，输出结果为（　　）。

```
x=0x23
print(x-1)
```

A．17　　B．18　　C．23　　D．34

6．执行以下代码，输出结果为（　　）。

```
x=2
y=3
print(   )
```

A．无输出内容　　B．输出 ***x=2　　C．输出 ###y=2　　D．输出 ###y=3

7．已知 a=1，b=2，c=3，d=4，m=2，n=2；执行 (m=a>b) 和 (n=c>d) 后 n 的值为（　　）。

A．1　　B．0　　C．False　　D．True

8．执行以下代码，输出结果为（　　）。

```
world="world"
print("hello"+world)
```

A．helloworld　　B．"hello"world　　C．Hello world　　D．语法错误

二、填空题

1．print("Hello World") 的作用是（　　　　）。

2．print(1/3) 的输出结果是（　　　　）。

3．print(1.0/3) 的输出结果是（　　　　）。

4．print(1//3) 的输出结果是（　　　　）。

5．print(5 + 3 * 4) 的输出结果是（　　　　）。

6．print((5 + 3) * 4) 的输出结果是（　　　　）。

7．print("Hello" + "World!") 的输出结果是（　　　　）。

8．执行以下代码，输出结果为（　　　　）。

```
a=3
b=5
```

```
x=a*b
print(x)
```

9．执行以下代码，输出结果为（　　　　）。

```
a=7
b=-8
x=a*b
print(x)
```

10．执行以下代码，输出结果为（　　　　）。

```
a=8
b=4
x=a/b
print(x)
```

11．执行以下代码，输出结果为（　　　　）。

```
a=8
b=10
x=b-a
print(x)
```

12．执行以下代码，输出结果为（　　　　）。

```
a=-5
b=2
c=abs(a)
x=a*c
print(x)
```

13．执行以下代码，输出结果为（　　　　）。

```
price=1500
price=1200
print(price)
```

14．执行以下代码，输出结果为（　　　　）。

```
a=ord("M")
b=2
c=a*b
print(c)
```

15．执行以下代码，输出结果为（　　　　）。

```
a=0
b=5
print(a/b)
```

16．执行以下代码，输出结果为（　　　　）。

```
a=ord("M")
b=7
c=a+b
print(c)
```

17．已知 x=3，那么执行语句 x=x+3 之后，x 的值为（　　　　）。

18．已知 x=3，那么执行语句 x=x*6 之后，x 的值为（　　　　）。

19．执行以下代码，输出结果为（　　　　）。

```
a=[1,2,3]
b=[1,2,4]
print(id(a[1])==id(b[1]))
```

20．已知 x=3，y=5，执行下列语句后 x 的值是（　　　　）。

```
x=3
y=5
x,y=y,x
```

21．执行以下代码后，x 的值为（　　　　）。

```
x={1:2}
x[2]=3
```

22．已知 x=[3, 5, 7]，那么执行语句 x[len(x):]=[1, 2] 后，x 的值为（　　　　）。

23．执行以下代码，输出结果为（　　　　）。

```
x=5
y=7
a=9
print(x+a%3*(int)(x+y)%2/4)
```

24．已知 a=2，b=3，x=3.5，y=2.5，则执行下列输出语句后，结果为（　　　　）。

```
print((a+b)/2+x%y)
```

25．已知 a="a"，b="b"，c="c"，则表达式 i=a+b+c 的值为（　　　　）。

26．执行以下代码，输出结果为（　　　　）。

```
a="a"
b="b"
c="c"
i=a+b+c
print(i)
b=a
print(i)
```

27．已知 a=12，n=5，则表达式运算后 a 的值为（　　　　），n 的值为（　　　　）。

```
a=a+a
a=a-2
a=a*(2+3)
a=a/(a+a)
n=n%(3/2)
```

28．如有变量 i=1.2，f=5，则表达式 print(10+i*f) 的结果是（　　　　）。

29．已知 a、b、c 分别是一个十进制数的百位、十位、个位，则该三位数的表达式是（　　　　）。

30．已知一个三位数是 s，写出其百位、十位、个位的表达式：

```
a=____________
```

```
b=____________
c=____________
```

31．执行以下代码，输出结果为（　　　　）。

```
a=4
b=7
a=a+b
b=b-a
print(a%b)
```

32．执行以下代码后，输出结果为（　　　　）。

```
c1="a"
c2="b"
c3="c"
c4=c1+c2
c5=c3
print(c1+c2+c3)
print(c4+c5)
```

33．执行以下代码，输出结果为（　　　　）。

```
i=8
j=10
m=i+1
n=j-m
print(i)
print(j)
print(m)
print(n)
```

34．下列程序的输出结果是 25.0，请填空使程序完整。

```
a=9
b=2
```

```
x=____________
y=1.1
z=a/2+b*x/y+1/2;
print(z)
```

35. 补全下列代码，从键盘输入圆的半径 r，求圆的周长与面积。

```
r=____________
print(str(2*3.14*r))
print(____________)
```

36. 补全下列代码，输入两坐标点，根据公式求两点间的距离。

```
x1=eval(input("请输入x1"))
y1=____________
x2=____________
y2=eval(input("请输入y2"))
s=____________
print(s)
```

37. 补全下列代码，某职工应发工资 x 元，求各种面额人民币总张数最少的方案。

```
x=eval(input("请输入应发工资:"))
y1=int(x/100)
x=x%100
y2=____________
x=x%50
y3=int(x/10)
x=____________
y4=____________
x=____________
y5=int(x/2)
x=x%2
print("一百元:"+str(y1)+"张,"+"五十元:"+str(y2)+"张,"+"十元:"+str(y3)+"
张,"+"五元:"+str(y4)+"张,"+"二元:"+str(y5)+"张,"+"一元:"+____________+"张")
```

38．补全下列代码，输入两种商品的单价与数量，计算并输出总金额。

```
a1=eval(input("请输入第一种商品的单价："))
a2=eval(input("请输入第一种商品的数量："))
b1=____________
b2=____________
s=____________
print(s)
```

三、编程题

1．按要求输出：一共 5 行，每行 10 个“*”。

2．接收用户输入的主语、动词与名词三个数据，分别保存在变量 a、b、c 中，将它们连成一句话输出。

3．先接收用户输入的三个成语，分别保存在变量 a、b、c 中。再将它们逐一输出，每个成语单独一行，且每行之间用 5 个“-”间隔。

4．输入一个 1 ~ 7 的数字，返回对应的星期几的英文单词（如 Monday）。提示：可利用列表知识。

5．货币转换。人民币和美元是两种货币，写一个程序进行货币间币值转换。其中，假设人民币和美元间汇率固定为 1 美元 =6.78 人民币；程序只接收人民币输入，转换为美元输出；数值之间没有空格。执行效果如下（左边为输入的人民币，右边为换算后的美元）：

```
20 → 135.60
```

6．交换两个变量值。定义变量 first 和 second，从键盘输入两个数分别存放于 first 和 second 中，输出这两个变量的值。然后，交换这两个变量的值，再输出这两个变量的值。

7．已知一个等差数列的前两项 a1、a2，求第 n 项。a1、a2 和 n 均由键盘输入。

8．计算两个正数 a 和 b 相除的余数。

9．输入 a、b、c，求一元二次方程 $ax^2+bx+c=0$ 的两个实数根（不考虑无解的情况）。

10．将数字反序输出。从键盘输入 m 是一个三位数，输出将 m 的个位、十位、百位反序而成的三位数（例如，123 反序为 321）。

11．已知 x=10，y=12，写出将 x 和 y 的值互相交换的表达式。

12．从键盘输入圆半径、圆柱高。求圆周长、圆面积、圆柱表面积、圆柱体积。

13．计算员工工资。员工工资由三部分组成：基本工资 + 物价津贴 + 房屋津贴。从键盘输入基本工资，物价津贴 = 基本工资 ×0.4，房屋津贴 = 基本工资 ×0.25。

14．从键盘输入矩形的长度和宽度，计算其周长和面积。

15．从键盘输入一个四位整数，输出各位相加之和。如输入 1234，最后输出 10。

16．用“*”输出字符 C 的图案。

17．计算学生平均分。从键盘输入一位学生某次考试的语文、数学、英语成绩，计算这位同学成绩的平均分，并输出结果。

18．计算两点距离。输入两点坐标（x1,y1），（x2,y2），计算并输出两点间的距离。

3.2 选择结构

重点知识

1．在特定情况下，根据条件来决定执行的语句，这时就需要用到选择结构语句。

2．条件表达式的结果只有两种：True 或 False。

3．选择结构中的条件表达式，可以用括号括起来，也可以不用。如“if a > 0:”与“if (a > 0):”的功能相同。

4．当有多个条件需要进行逻辑运算时，为了让代码容易阅读，最好用括号括起来。如“if (a > 0) and (a <= 60): ”。

5．在条件结构中，if 语句要以冒号“:”结束。而 if 语句后面的语句，要注意缩进。同一个代码块的缩进量必须相同。

6．在一个程序中，可以使用多条单分支选择结构。

7．当需要判断一个条件时，可以使用单分支选择结构（if 结构）；当需要判断两个条件时，可以使用双分支选择结构（if–else 结构）；当需要判断的条件超过两个时，可以使用多分支选择结构（if–elif–else 结构）。

8．选择结构中，if 语句是必须有的。elif 语句可以同时使用任意个。为了提高程序可读性，不建议同时使用多个 elif 分支。else 语句则是根据需要使用。

9．选择结构嵌套是指在一个分支内，包含一个或多个选择结构。只有在外层选择结构的条件满足的情况下，才会执行内层的选择结构。

例题精选

【例 1】编程题：判断是否为正数（if 结构）。编写程序，判断用户输入的数字是否为正数。运行结果如图 3–2–1 所示。

```
请输入整数 a: 5
输入的是 5，它是正数。
```

图 3–2–1　判断是否为正数运行结果

【解析】

（1）接收用户输入的数字，并将该数字赋值给变量 a。

（2）因为 input() 函数会将接收到的数字，以字符串的方式返回。所以需要进行类型转换，使用 int() 函数将输入的数字转换为整数。

（3）使用单分支选择结构，表达式的描述为 a 大于 0。

（4）流程图如图 3-2-2 所示。

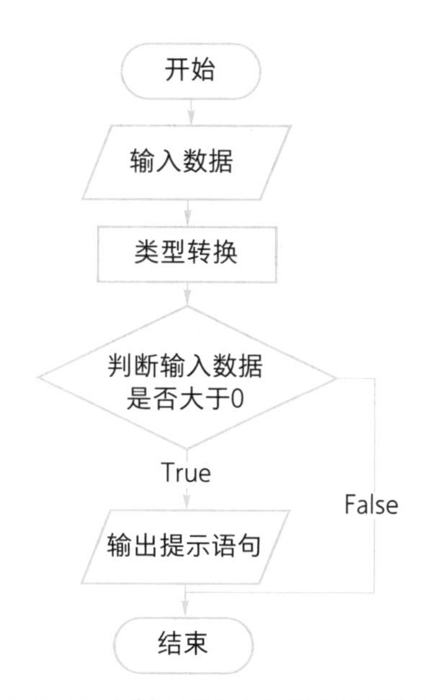

图 3-2-2　判断是否为正数程序流程图

【答案】

根据上述分析，程序语句为：

```
a=input("请输入整数 a：")
a=int(a)
if a>0:
    print(f"输入的是{a}，它是正数。")
```

【例 2】编程题：判断奇偶性（if-else 结构）。编写程序，判断用户输入的数是奇数还是偶数。运行结果如图 3-2-3 所示。

```
请输入整数 a：15
输入的是 15，它是奇数。
请输入整数 a：8
输入的是 8，它是偶数。
```

图 3-2-3　判断奇偶性运行结果

【解析】

(1) 接收用户输入的数字，并将该数字赋值给变量 a。

(2) 对变量 a 进行类型转换，使用 int() 函数将输入的数字转换为整数。

(3) 一个整数除以 2 的余数如果是 0，那这个数就是偶数，否则是奇数。

(4) 使用双分支选择结构，表达式的描述为 a%2 == 0。

(5) 流程图如图 3-2-4 所示。

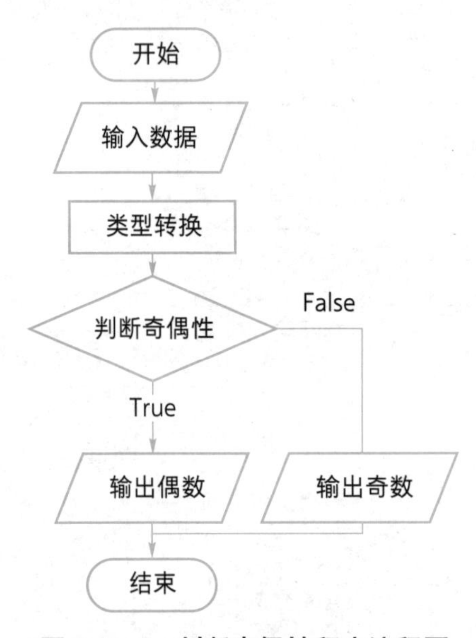

图 3-2-4　判断奇偶性程序流程图

【答案】

根据上述分析，程序语句为：

```
a=input("请输入整数 a：")
a=int(a)
if a%2==0:
    print(f"输入的是 {a}，它是偶数。")
else:
    print(f"输入的是 {a}，它是奇数。")
```

【例 3】编程题：百分制转换为等级制（if-elif-else 结构）。编写程序，要求：如果输入的成绩在 90 ~ 100 分（含 90 分）输出 A；80 ~ 90 分（含 80 分）输出 B；70 ~ 80 分（含 70 分）输出 C；60 ~ 70 分（含 60 分）输出 D；0 ~ 60 分输出 E；其他情况输出无效输入提示。运行结果如图 3-2-5 所示。

```
请输入分数（一个整数）：45
输入分数为：45，等级为 E
请输入分数（一个整数）：95
输入分数为：95，等级为 A
请输入分数（一个整数）：-5
输入的是 -5，不是一个有效的分数，请重试
```

图 3-2-5　百分制转换为等级制运行结果

【解析】

（1）接收用户输入一个是整数的分数，并将该分数赋值给变量 a。

（2）对变量 a 进行类型转换，使用 int() 函数将输入的数字转换为整数。

（3）采用多分支选择结构，分别判断分数在哪一个阶段，并输出对应的等级。

（4）分数范围的条件表达式描述与 80 <= a < 90 类似。

（5）使用 else 分支将其余情况全部包括在内。

（6）流程图如图 3-2-6 所示。

图 3-2-6　百分制转换为等级制程序流程图

【答案】

根据上述分析，程序语句为：

```
a=input("请输入分数（一个整数）：")
a=int(a)
if 90 <= a <= 100:
    print(f"输入分数为：{a}，等级为A")
elif 80 <= a < 90:
    print(f"输入分数为：{a}，等级为B")
elif 70 <= a < 80:
    print(f"输入分数为：{a}，等级为C")
elif 60 <= a < 70:
    print(f"输入分数为：{a}，等级为D")
elif 0 <= a < 60:
    print(f"输入分数为：{a}，等级为E")
else:
    print(f"输入的是 {a}，不是一个有效的分数，请重试")
```

【例 4】编程题：判断输入的数字大小（嵌套 if 语句）。编写程序，判断用户输入的数字是否为正数，并判断该数字与 60 的大小关系。运行结果如图 3-2-7 所示。

```
请输入一个整数：7
输入的整数为：7，它是一个正数
它小于 60
请输入一个整数：80
输入的整数为：80，它是一个正数
它大于或等于 60
```

图 3-2-7　判断输入的数字大小运行结果

【解析】

（1）接收用户输入的数字，并将该数字赋给变量 a。

（2）对变量 a 进行类型转换，使用 int() 函数将输入的数字转换为整数。

（3）使用单分支选择结构，条件表达式为 a > 0，判断 a 是否为正数。

（4）在上述单分支选择结构中，嵌套双分支选择结构，条件表达式为 a < 60，判断 a 与 60 的大小关系。

（5）流程图如图 3-2-8 所示。

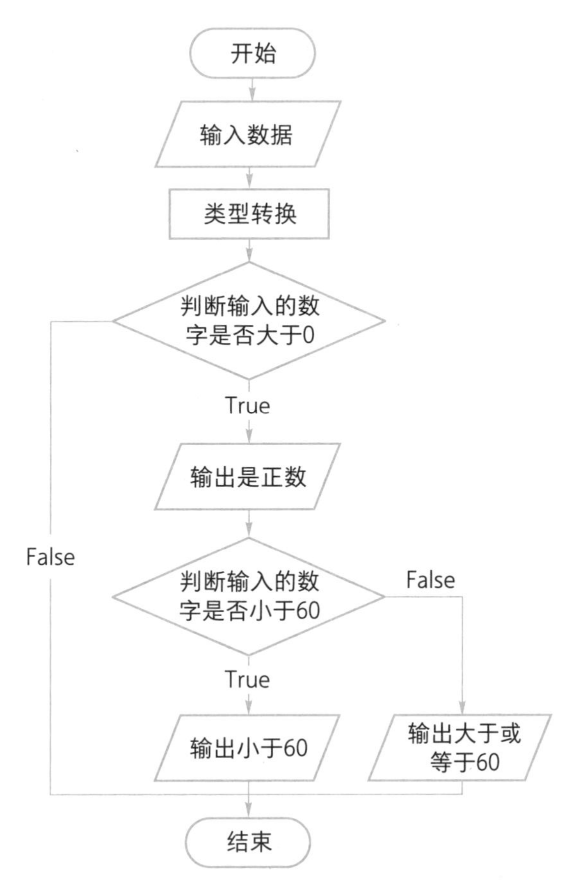

图 3-2-8　判断输入的数字大小程序流程图

【答案】

根据上述分析，程序语句为：

```
a=input("请输入一个整数：")
a=int(a)
if a>0:
    print(f"输入的整数为：{a}，它是一个正数")
    if a < 60:
        print(f"它小于 60")
    else:
        print(f"它大于或等于 60")
```

巩固练习

一、单选题

1．在屏幕上打印出 Hello World，使用的 Python 语句是（　　）。

A．print("Hello World")　　　　B．print(Hello World)

C. printf("Hello World")　　D. printf('Hello World')

2. 以下关键字不属于分支结构的是（　　）。

A. elif　　B. else　　C. int　　D. if

3. 在 Python 中，选择结构中 if 语句用符号（　　）来结束。

A. ;　　B. .　　C. :　　D. ?

4. 关于结构化程序设计所要求的基本结构，以下选项中描述错误的是（　　）。

A. 重复（循环）结构　　B. 选择（分支）结构

C. goto 跳转　　D. 顺序结构

5. 关于 Python 的分支结构，以下选项中描述错误的是（　　）。

A. 分支结构使用 if 保留字

B. Python 中使用 if-else 语句描述双分支选择结构

C. Python 中使用 if-elif-else 语句描述多分支选择结构

D. 分支结构可以向已经执行过的语句部分跳转

6. 在 Python 语言中用来表示代码块所属关系的语法是（　　）。

A. 缩进　　B. 括号　　C. 花括号　　D. 冒号

7. 以下关于 Python 分支的描述，错误的是（　　）。

A. Python 分支结构使用关键字 if、elif 和 else 来实现，每个 if 后必须有 elif 或 else

B. if-else 结构可以嵌套使用

C. if 语句会判断 if 的表达式。当表达式为真时，执行 if 后面的语句块

D. 缩进是 Python 分支语句的语法部分，缩进不正确会影响代码逻辑

8. 键盘输入数字 5，执行以下代码，输出结果为（　　）。

```
n=eval(input("请输入一个整数："))
s=0
if n>=5:
    n=-1
    s=4
if n<5:
    n=1
    s=3
print(s)
```

A. 3　　B. 4　　C. 0　　D. 2

9. 以下不属于 Python 语言控制结构的是（　　）。

A．循环结构　　B．程序异常　　C．顺序结构　　D．分支结构

10．以下关于分支结构的描述中，错误的是（　　）。

A．双分支结构有一种紧凑形式，使用保留字 if 和 elif 实现

B．if 语句中，条件部分可以使用任何能够返回 True 和 False 的语句

C．if 语句中，语句块执行与否依赖条件的判断

D．多分支结构用于设置多个判断条件，以及各条件下对应的多条执行路径。

11．已知 x=20，y=10，z=30，执行以下代码后，x、y、z 的值分别是（　　）。

```
if(x>y):
    z=x
x=y
y=z
```

A．x=10，y=20，z=20　　B．x=20，y=30，z=30

C．x=20，y=30，z=10　　D．x=20，y=30，z=20

12．以下语法正确的 if 语句是（　　）。

A．
```
if(x>0):
print(x)
else
print(-x)
```

B．
```
if(x>0):
{ x=x+y; print("%f",x);}
else :
print("%f",-x);
```

C．
```
if(x>0):
    print(x)
else
    print(-x)
```

D．
```
if(x>0):
    print(x)
else:
    print(-x)
```

13．执行以下代码，输出结果为（　　）。

```
a=5
b=5
c=0
if(a==b+c):
    print("***")
else:
    print("$$$")
```

A. 有语法错误不能通过编译　　B. 可以通过编译但不能通过连接

C. ***　　D. $$$

14. 执行以下代码输出结果为（　　）。

```
a=2
b=-1
c=2
if(a<b):
    if(b<0):
        c=0
    else:
        c=c+1
print(c)
```

A. 0　　B. 1　　C. 2　　D. 3

15. 执行以下代码，输出结果为（　　）。

```
a=0
b=0
c=200
a=c/100%9
b=(-1)and(-1)
print(a)
print(b)
```

A. 2.0，1　　B. 3.0，2　　C. 4.0，3　　D. 2.0，-1

16. 两次运行下面的程序，如果分别从键盘上输入 6 和 4，则运行结果为（　　）。

```
x=eval(input("请输入一个数："))
if(x+1>5):
    print(x+1)
else:
    print(x)
```

A. 7 和 5　　B. 6 和 3　　C. 7 和 4　　D. 6 和 4

17. 在条件语句中，能正确表示 a ⩾ 10 或 a ⩽ 0 的关系表达式是（　　）。

A．a >=10 or a < =0　　　　B．a >=10|a < =0

C．a >=10&&a < =0　　　　D．a >=10||a < =0

18．假定所有变量已正确说明，下列程序运行后 x 的值是（　　）。

```
a=1
b=c=0
x=35
if (not a):
    x=x-1
else:
    if(b):
        if(c):
            x=3
        else:
            x=4
```

A．34　　　B．4　　　C．35　　　D．3

19．在条件语句中，表示关系 X ≤ Y ≤ Z 的 Python 表达式为（　　）。

A．(X<=Y)&&(Y<=Z)　　　　B．(X<=Y)and(Y<=Z)

C．(X<=Y<=Z)　　　　D．(X<=Y)&(Y<=Z)

20．当 a=1、b=2、c=5、d=5 时，运行下列程序后，x 的值为（　　）。

```
a=1
b=2
c=5
d=5
if(a<b):
    if(c<d):
        x=1
    else:
        if(a<c):
            if(b<d):
                x=2
            else:
```

```
                x=3
        else:
            x=6
else:
    x=7
```

A．1　　　B．2　　　C．3　　　D．6

21．执行以下代码，输出结果为（　　）。

```
a=1
b=2
if a==1:
    if b==0:
        print("**0**")
    elif b==1:
        print("**1**")
    elif b==2:
        print("**2**")
```

A．**2**　　　B．**0******2**

C．**0******1******2**　　　D．有语法错误

22．为了避免在嵌套的条件语句 if-else 中产生二义性，Python 语言规定：else 子句总是与（　　）配对。

A．缩进位置相同的 if　　　B．其之前最近的 if

C．其之后最近的 if　　　D．同一行上的 if

23．已知 a=1，b=2，c=3，则以下各选项中的程序段运行后，x 的值不等于 3 的是（　　）。

A．

```
if(c<a):
    x=3
```

B．

```
if(a<3):
    x=3
elif(b<a):
    x=2
elif(a<2):
    x=2
else:
    x=3
```

C．
```
if(a<3):
    x=3
```

D．
```
if(a<b):
    x=b
if(a<2):
    x=2
if(b<c):
    x=c
if(a<1) :
    x=1
if(c<a):
    x=a
```

24．执行以下代码，输出结果为（　　）。

```
a=5
b=4
c=3
d=2
if(a>b and b>c):
    print(d)
elif((c-1>=d)==1):
    print(d+1)
else:
    print(d=2)
```

A．2　　　　B．3

C．4　　　　D．编译时有错，无结果

25．执行以下代码后，x 的值为（　　）。

```
a=1;b=3;c=5;d=4
if(a<b):
    if(c<d):
        x=1
    elif(a<c):
        if(b<d):
            x=2
```

```
        else:
            x=3
    else:
        x=6
else:
    x=7
```

A. 1　　B. 2　　C. 3　　D. 6

26. 为了使下列程序运行结果为 t=4, 则 a 和 b 输入的值应满足的条件是（　　）。

```
s=1
t=1
a=eval(input("请输入数字 a:"))
b=eval(input("请输入数字 b:"))
if(a>0):
    s=s+1
if(a>b):
    t=s+1
elif(a==b):
    t=5
else:
    t=2*s
```

A. a>b　　B. a<b<0　　C. 0<a<b　　D. 0>a>b

27. 针对以下代码，判断正确的是（　　）。

```
x=eval(input("请输入数字 x："))
y=eval(input("请输入数字 y："))
if(x>y):
    x=y
    y=x
else:
    x=x+1;y=y+1
print(x)
```

```
print(y)
```

A．语法错误，不能通过编译　　B．输入数据 3 和 4，则输入 4 和 5

C．输入数据 4 和 3，则输入 3 和 4　　D．输入数据 4 和 3，则输出 4 和 4

28．在 Python 中，与 x>y and y>z 语句等价的是（　　）。

A．x>y>z　　B．not x<y or not y<z

C．not(x<=y or y<=z)　　D．x>y or not y<z

29．执行以下代码，输出结果为（　　）。

```
age=23
start=2
if(age % 2 != 0):
    start=1
print(start)
```

A．1　　B．6　　C．2　　D．4

二、填空题

1．“k=True；if (not k): a=3”语句中的 not k 可以改写为（　　），使其功能不变。

2．执行表达式 True and True的结果为（　　）。

3．执行表达式 1 == 1 and 2 == 1 的结果为（　　）。

4．执行表达式 1 == 1 or 2 != 1 的结果为（　　）。

5．执行表达式 not (True and False) 的结果为（　　）。

6．从键盘输入 2，下列程序的运行结果为（　　）。

```
bj=input("请输入班级，1 代表 1 班，2 代表 2 班：")
if(bj=="1"):
    print("你是 1 班成员")
else:
    print("你是 2 班成员")
```

7．从键盘输入 4，下列程序的运行结果为（　　）。

```
CostPrice=eval(input("请输入出厂价格:"))
if(CostPrice>=5):
    SellingPrice=CostPrice+CostPrice*0.25
```

```
    print("销售价格为："+str(SellingPrice))
else:
    SellingPrice=CostPrice+CostPrice*0.30
    print("销售价格为："+str(SellingPrice))
```

8．以下程序的运行结果为（　　　　）。

```
if(2*2==5<2*2==4):
    print("T")
else:
    print("F")
```

9．以下程序将输入的四个整数，按从小到大的顺序输出。请在横线内填入正确内容。

```
a=eval(input("请输入数字a："))
b=eval(input("请输入数字b："))
c=eval(input("请输入数字c："))
d=eval(input("请输入数字d："))
if(a>b):
    t=a;a=b;b=t
if(a>c):
    ______________
if(______________):
    t=a;a=d;d=t
if(b>c):
    t=b;b=c;c=t
if(______________):
    ______________
if(______________):
    ______________
print("a的值为："+str(a)+"  b的值为："+str(b)+"  c的值为："+str(c)+"  d的值为：
"+str(d))
```

10．以下程序的运行结果为（　　　　）。

```
a=2
b=3
c=a
if(a>b):
    c=1
elif(a==b):
    c=0
else:
    c=-1
print(c)
```

11．运行以下程序后，变量 s、w、t 的值分别为（　　　　）。

```
s=w=t=0
a=-1;b=3;c=3
if(c>0):
    s=a+b
if(a<=0):
    if(b>0):
        if(c<=0):
            w=a-b
elif(c>0):
    w=a-b
else:
    t=c
```

12．从键盘输入 C，则运行结果为（　　　　）。

```
grade=input("请输入等级：")
if(grade=="A"):
    n=99
    print("90--"+str(n))
elif(grade=="B"):
    n=89
```

```
        print("80--"+str(n))
    elif(grade=="C"):
        n=79
        print("70--"+str(n))
    elif(grade=="D"):
        n=69
        print("60--"+str(n))
    elif(grade=="E"):
        print("<60")
    else:
        print("error")
```

13. 以下程序的运行结果为（　　　　）。

```
a=5
b=4
c=3
d=(a>b>c)
print(d)
```

14. 以下程序的运行结果为（　　　　）。

```
x=2
y=-1
z=2
if(x<y):
    if(y<0):
        z=0
    else:
        z=z+1
print(z)
```

15. 以下程序的运行结果为（　　　　）。

```
a=1
```

```
b=3
c=5
if(c==a+b):
    print("yes")
else:
    print("no")
```

16. 运行以下程序后，a的值为（　　　　），b的值为（　　　　），c的值为（　　　　）。

```
a=4
b=3
c=5
t=0
if(a<b):
    t=a;a=b;b=t
if(a<c):
    t=a;a=c;c=t
```

17. 以下程序的运行结果为（　　　　）。

```
x=10
y=20
t=0
if(x==y):
    t=x;x=y;y=t;
print("x的值："+str(x)+"  y的值："+str(y))
```

18. 程序填空。输入x、y两个整数，按先大后小的顺序输出x、y。

```
x=eval(input("请输入x的值："))
y=eval(input("请输入y的值："))
if(x<y):
    ____________
    ____________
    ____________
```

```
print("x的值为："+str(x)+"  y的值为："+str(y))
```

19．程序填空。输入一个三位数，按逆序输出各位数字。

```
x=eval(input("请输入一个三位数："))
a=________________
b=________________
c=________________
y=a*100+b*10+c
print(y)
```

三、编程题

1．判断用户输入的整数 a 是否不等于零，代码执行效果如下。

```
请输入整数 a:5
a不是 0
```

2．从键盘输入整数 n，判断 1 ~ n 的数字是否是 3 的倍数，如果该数字是 3 的倍数，输出 Fizz；如果不是，则输出该数字。代码执行效果如下。

```
请输入整数 n：5
1
2
Fizz
4
5
```

3．判断用户输入的两个整数 a、b，如果 a 小于 b，则输出 a < b。代码执行效果如下。

```
请输入整数 a:8
请输入整数 b:15
a<b
```

4．判断用户输入的三个数 a、b、c，如果 a 小于 b 和 c，则输出 a<b 且 a<c，代码执行效果如下。

```
请输入整数 a:-2
```

```
请输入整数 b:15
请输入整数 c:5
a<b 且 a<c
```

5．从键盘输入整数 n，判断 1 ～ n 的数字是否是 3 或 5 的倍数，如果该数字是 3 的倍数，输出 Fizz；如果该数字是 5 的倍数，输出 Buzz；其他情况下，输出该数字。代码执行效果如下：

```
请输入整数 n：5
1
2
Fizz
4
Buzz
```

6．判断输入的正整数是否既是 5 又是 7 的整倍数。若是，则输出 yes；否则输出 no。

7．输入整数 x、y、z，若 $x^2+y^2+z^2$ 大于 1000，则输出 $x^2+y^2+z^2$ 的值；否则输出 x、y、z 三数之和。

8．输入三角形的三条边长，求其面积。注意：对于不合理的边长输入，要输出数据错误的提示信息。

9．从键盘输入一个字符，对该字符进行大小写转换。如果该字符为小写字母，则转换为大写字母输出；如果该字符为大写字母，则转换为小写字母输出；如果为其他字符，则输出原字符。

10．从键盘输入一个正整数，判断它的奇偶性，然后输出结果。

11．计算地铁票价，输入千米数，输出票价金额。地铁票价规定：6km（含）内 3 元；6 ～ 12km（含）4 元；12 ～ 22km（含）5 元；22 ～ 32km（含）6 元；32km 以上部分，每增加 1 元可乘坐 20km。

12．从键盘输入年份和月份，输出它处于什么季节，当月有几天。

13．编写程序，输入 x 的值，根据函数 $y=\begin{cases}-1 & (x<0)\\ 0 & (x=0)\\ 1 & (x>0)\end{cases}$，输出 y 的值。

14．由键盘输入 3 个整数 a、b、c，输出其中最大的数。

15．由键盘输入一个不多于 5 位的正整数，若长度小于等于 5，则直接输出；否则输出“长度不符合”。

16．有一个正方形，四个角的坐标 (x, y) 分别是（1，–1），（1，1），（–1，–1），（–1，1）。编写程序，判断一个给定的点是否在这个正方形内（包含边界）。

17．用嵌套的分支结构判断用户输入的整数 a 的正负，代码执行效果如下。

```
请输入整数 a:21
a 不是 0
a 是正数
请输入整数 a:-5
a 不是 0
a 是负数
请输入整数 a:0
a 是 0
```

18．ASCII 码排序。输入三个字符（可以重复）后，按各字符的 ASCII 码从小到大的顺序，输出这三个字符。

19．货币转换。人民币和美元是世界上较为通用的两种货币，写一个程序进行货币间币值转换。其中，假设人民币和美元间汇率固定为 1 美元 = 6.78 人民币。

（1）双币种转换。程序可以接收人民币或美元输入，转换为美元或人民币输出。人民币采用 RMB 表示，美元采用 USD 表示，符号和数值之间没有空格。

执行效果如下（左边为输入的货币，右边为换算后的货币）。

```
RMB123 → USD18.14
USD20 → RMB135.60
```

（2）支持空格转换。程序可以接收人民币或美元输入，转换为美元或人民币输出。人民币采用 RMB 表示，美元采用 USD 表示，符号和数值之间可以没有空格，也可以有多个空格。执行效果如下（左边为输入的货币，右边为换算后的货币）。

```
RMB 123 → USD18.14
USD   20 → RMB135.60
USD20 → RMB135.60
```

（3）选择换算方式。程序提供选择菜单，是“人民币→美元”还是“美元→人民币”。按照相应的汇率进行换算，执行效果如下。

```
请选择：
1. 人民币→美元
2. 美元→人民币
1
123  18.14
2
20  135.60
```

3.3 循环结构——for 循环

重点知识

1．for 循环格式 1 如下。

```
for 迭代变量 in 字符串｜列表｜元组｜字典｜集合：
    循环语句块
```

迭代变量为字符串（或列表、元组、字典、集合）序列中的值时，根据从左到右的顺序依次取值。for 循环次数取决于字符串（或列表、元组、字典、集合）序列长度。

2．for 循环格式 2如下。

```
for 迭代变量 in range( 开始值，结束值，步长 ):
    循环语句块
```

range 函数：产生一个整数序列。

开始值：计数开始值，默认值为 0，可省略。如 range(5) 等价于 range(0,5)。

结束值：计数结束值，结束值不能省略。如 range(5) 中，5 表示结束值，取值序列为 0、1、2、3、4。

步长：默认 1，可省略。如 range(5) 等价于 range(0,5,1)，取值序列为 0、1、2、3、4。而 range(0,5,2)，则取值序列为 0、2、4。

3．循环语句块内，用户不能修改迭代变量的值。

4．对于循环次数明确的情况，用 for 循环比较合适。

例题精选

【例 1】填空题：执行以下代码，输出结果为（　　）。

```
x="Python"
for i in x:
    print(x)
```

【解析】

（1）x 是一个字符串变量，共有 6 个字符。

（2）for 循环从左到右依次从字符串 x 取值，共取了 6 次。迭代变量 i 的值分别为：P、y、t、h、o、n。

（3）循环体共输出了 6 次，每次均输出迭代变量值并换行。

【答案】

```
P
y
t
h
o
n
```

【例 2】编程题：求和 s=1+2+3+…+99+100。输出结果如下：

```
1+2+3+…+99+100=5050
```

【解析】

（1）利用 range() 函数生成 1 ～ 100 的整数序列。

（2）变量 s 用来保存和，for 循环之前 s 初始化为 0。循环体中，s 每次加当前迭代变量。

（3）循环结束后，输出和 s。

（4）流程图如图 3-3-1 所示。

【答案】

```
s=0
for i in range(1,101):
    s+=i
print("1+2+3+…+99+100=",s)
```

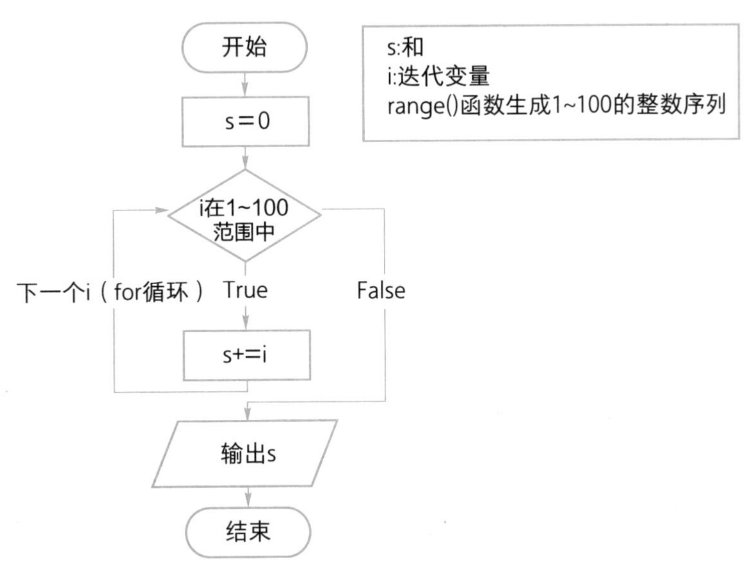

图 3-3-1　求和程序流程图

巩固练习

一、单选题

1．执行以下代码，输出结果有（　　）行。

```
x=["a","b",100,"student"]
for each in x:
    print(each)
```

A．2　　B．3　　C．4　　D．报错

2．执行以下代码，输出结果和其他三个不同的是（　　）。

A．
```
s=0
for i in [1,2,3,4,5,6,7,8,9,10]:
    s+=i
print(s)
```

B．
```
s=0
for each in range(1,11):
    s=s+each
print(s)
```

C．
```
s=0
for i in range(10):
    s=s+i+1
print(s)
```

D．
```
s=0
for i in range(1,10,1):
    s+=i
print(s)
```

二、填空题

1．写出 for 循环的两种格式。

2．执行以下代码，输出结果为（　　　　）。

```
for i in [1,2,3]:
    print(i*i)
```

3．range(2,10,2) 产生的整数序列为（　　　　）。

4．range 函数有三个部分（参数），从左到右依次为（　　　　）、（　　　　）和（　　　　），其中（　　　　）不能省略。

5．要产生整数序列：1、3、5、7、9，其 range 函数应写为（　　　　）。

6．要产生整数序列：10、9、8、7、6、5、4、3、2、1，其 range 函数应写为（　　　　）。

7．执行以下代码，输出两行结果，第一行值为（　　　　），第二行值为（　　　　）。

```
s=0
for i in range(100):
    s=i
print(s)
print(i)
```

8．执行以下代码，for 循环一共执行了（　　　　）次。

```
for i in range(1,10):
    print(i)
    i=20
```

三、判断题

1．循环体中修改迭代变量的值，程序会报错。（　　）

2．在 for i in ["alex", "polo"] 中，for 循环的循环体共执行了 8 次。（　　）

四、编程题

1．求和：s=1+3+5+…+99，运行结果如下。

```
1+3+5+…+99=2500
```

2．已知列表 fruits=["cherry", "orange", "apple", "mango"]，程序运行结果如下，写出相关代码。

```
今天特惠：
水果：cherry
水果：orange
水果：apple
水果：mango
```

3.4　循环结构——while 循环

重点知识

1．while 循环格式：

```
while 条件表达式：
      循环语句块
```

2．当循环次数不确定时，用 while 比较合适。如让用户猜数字游戏，由于不知道用户需要猜多少次才能猜对，所以适合用 while 循环，不适合用 for 循环。

3．条件表达式为真时执行循环语句块；条件为假时，循环结束。为保证程序的正常执行（避免无限死循环），循环体语句块需要不断地调整条件表达式的值，使条件表达式的值为假。

4．特殊情况：条件表达式的值可以写 True，即 while True 无限循环模式。在这种情况下，循环体内某处必须有 break 语句（后面会学习）用来结束循环。

例题精选

【例 1】编程题：一张纸厚度 0.104 mm，请输出对折几次后高度超过珠穆朗玛峰(8848.86 m)。

变量命名建议：纸厚度为 h, 次数为 n。输出结果如下。

```
一张纸对折 27 次后高度超过珠穆朗玛峰，高度为 13958.643712 m
```

【解析】

(1) 本题因为不知道要对折多少次，循环次数不明确，所以用 while 循环比较合适。

(2) 纸的厚度未超过珠峰高度时，一直要对折。while 循环的条件表达式为：h<=8848.86。

（3）每次对折纸的高度翻倍，对应代码：h=h*2。

（4）要计算对折次数，需要一个次数变量 n。循环之前将其初始化为 0，每执行一次循环加 1。

（5）注意统一高度单位。

（6）流程图如图 3-4-1 所示。

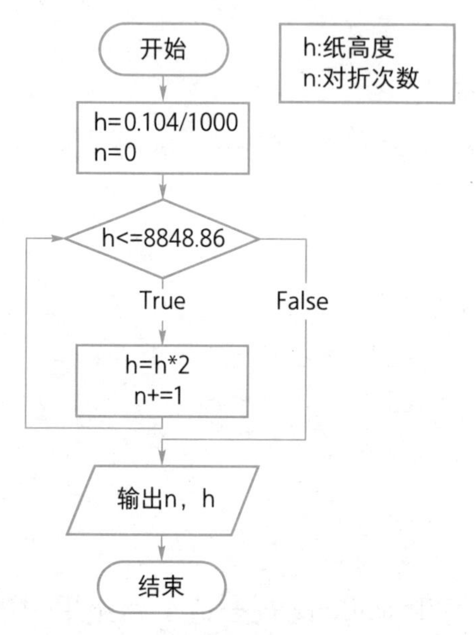

图 3-4-1　计算折纸次数程序流程图

【答案】

```
h=0.104/1000
n=0
while h<=8848.86:
    h=h*2
    n+=1
print("一张纸对折{}次后高度超过珠穆朗玛峰，高度为{}m".format(n,h))
```

【例 2】编程题：猜年龄。小明今年 11 岁，他的妈妈今年 43 岁，求多少年后妈妈的年龄是小明的 3 倍。变量命名建议：小明年龄为 son, 妈妈年龄为 mother, 多少年为 year。

程序运行后输出结果如下。

```
5 年后妈妈的年龄是小明的 3 倍
妈妈：48；小明：16
```

【解析】

（1）思路：算出每一年小明和妈妈的年龄，判断妈妈的年龄是否是小明的 3 倍，如果不是，则继续计算下一年；如果是，则退出循环。

（2）循环次数不明确，本题用 while 循环比较合适。

（3）当不满足妈妈的年龄是小明的 3 倍时，要循环计算下一年的情况。循环条件表达式：mother!=son*3。

（4）while 循环体内要完成的事：每过一年，小明和妈妈的年龄都大一岁。循环之前初始化小明年龄 son、妈妈年龄 mother，以及多少年 year 为 0。

（5）流程图如图 3-4-2 所示。

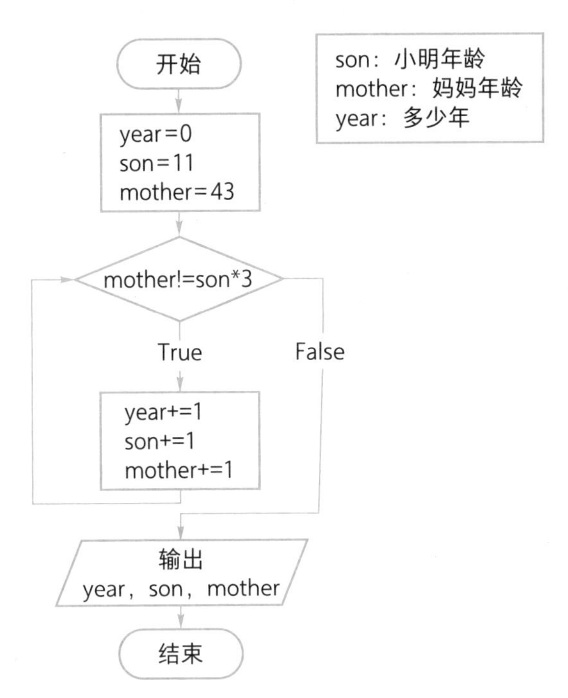

图 3-4-2　猜年龄程序流程图

【答案】

```
son=11
mother=43
year=0
while mother!=son*3:
    year+=1
    son+=1
    mother+=1
print("{} 年后妈妈的年龄是小明的 3 倍 ".format(year))
print(" 妈妈：{}；小明：{}".format(mother,son))
```

巩固练习

一、单选题

1．执行以下代码，运行结果为（　　）。

```
s=0
t=1
while s<10:
s+=t
t+=1
print(t)
```

A．10　　B.4　　C.5　　D.15

2．下列 Python 循环体执行的次数与其他不同的是（　　）。

A．
```
v=0
while v<=10:
    print(v)
    v+=1
```

B．
```
i=10
while(i>0):
    print(i)
    i-=1
```

C．
```
for i in range(10):
    print(i)
```

D．
```
for i in range(10,0,-1):
    print(i)
```

3．执行以下代码，运行结果为（　　）。

```
x=1
for i in range(1,11):
    x+=i
    i+=2
y=1
i=1
while i<11:
    y+=i
    i+=2
print(x,y)
```

A．56　56　　B．56　26　　C．26　56　　D．26　26

二、填空题

1．写出 while 循环格式（　　　　）。

2．画出 while 循环流程图（　　　　）。

3．当循环次数确定时，用（　　　　）循环比较适合；当循环次数不明确时，用（　　　　）循环比较适合。（填写：for/while）

4．执行以下代码，当 while 循环退出后，x 值为（　　　　），屏幕输出了（　　　　）行信息。

```
x=1
while x<10:
    print(x*x)
    x+=5
```

5．执行以下代码，输出结果为（　　　　），循环执行了（　　　　）次。

```
i=-1
while i<0:
    i*=i
print(i)
```

三、编程题

1．小明 17 岁生日时种 3 棵树，以后每年过生日都去种树，并且每年都要比前一年多种两棵树，那么小明多少岁可以种不少于 100 棵树？变量命名建议：小明年龄为 age，当前种的树为 tree，树的总和为 trees。程序运行结果如下。

```
小明 26 岁可以种 120 棵树
```

2．假设某国网民已有 4.85 亿，若每年以 6.1% 的速度增长，求多少年后，该国网民将达到或超过 8 亿。变量建议：多少年为 year，增长率为 rate，网民数为 s。程序运行结果如下。

```
9 年后网民将有 8.26380753218279 亿，达到或超过 8 亿
```

3.5 循环结构——循环嵌套

重点知识

一个循环体嵌入另一个循环体称为循环嵌套。外层的循环称为外循环，里面的循环体称为内循环。外循环或内循环都可以是 for 循环或者 while 循环。

循环嵌套时，若外循环为 m 次循环，内循环为 n 次循环，则内循环的循环体语句执行次数为：m*n，如图 3–5–1 所示。

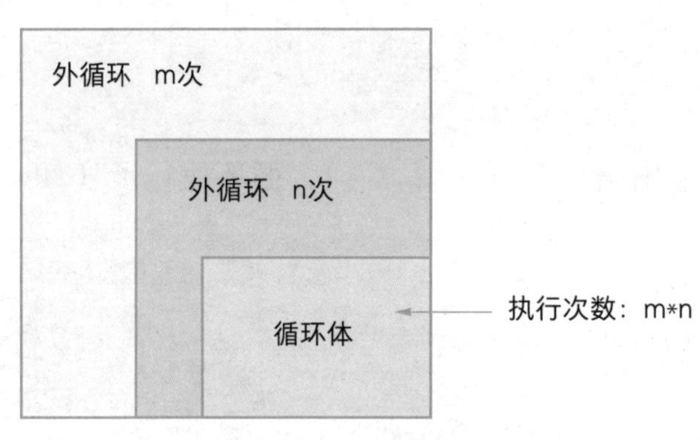

图 3–5–1 循环嵌套

例题精选

【例 1】编程题：用 for 循环打印输出九九乘法表。运行结果如图 3–5–2 所示。

```
1×1=1
1×2=2   2×2=4
1×3=3   2×3=6   3×3=9
1×4=4   2×4=8   3×4=12  4×4=16
1×5=5   2×5=10  3×5=15  4×5=20  5×5=25
1×6=6   2×6=12  3×6=18  4×6=24  5×6=30  6×6=36
1×7=7   2×7=14  3×7=21  4×7=28  5×7=35  6×7=42  7×7=49
1×8=8   2×8=16  3×8=24  4×8=32  5×8=40  6×8=48  7×8=56  8×8=64
1×9=9   2×9=18  3×9=27  4×9=36  5×9=45  6×9=54  7×9=63  8×9=72  9×9=81
```

图 3–5–2 打印输出九九乘法表运行结果

【解析】

（1）通过一个双重循环来控制输出。外循环控制行数，内循环控制列数。每一行的最大列为该行的行数。

（2）内循环结束（即一行的所有式子全部输出），需要换行。光标跳到下一行的行首，使用 print("\n") 或者 print() 语句来实现。

（3）为保证美观和行列对齐，输出的式子之间用 "\t" 来分隔。

（4）流程图如图 3-5-3 所示。

【答案】

```
for i in range(1,10):
    for j in range(1,i+1):
        print("{}×{}={}".format(j,i,i*j),end="\t")
    print()
```

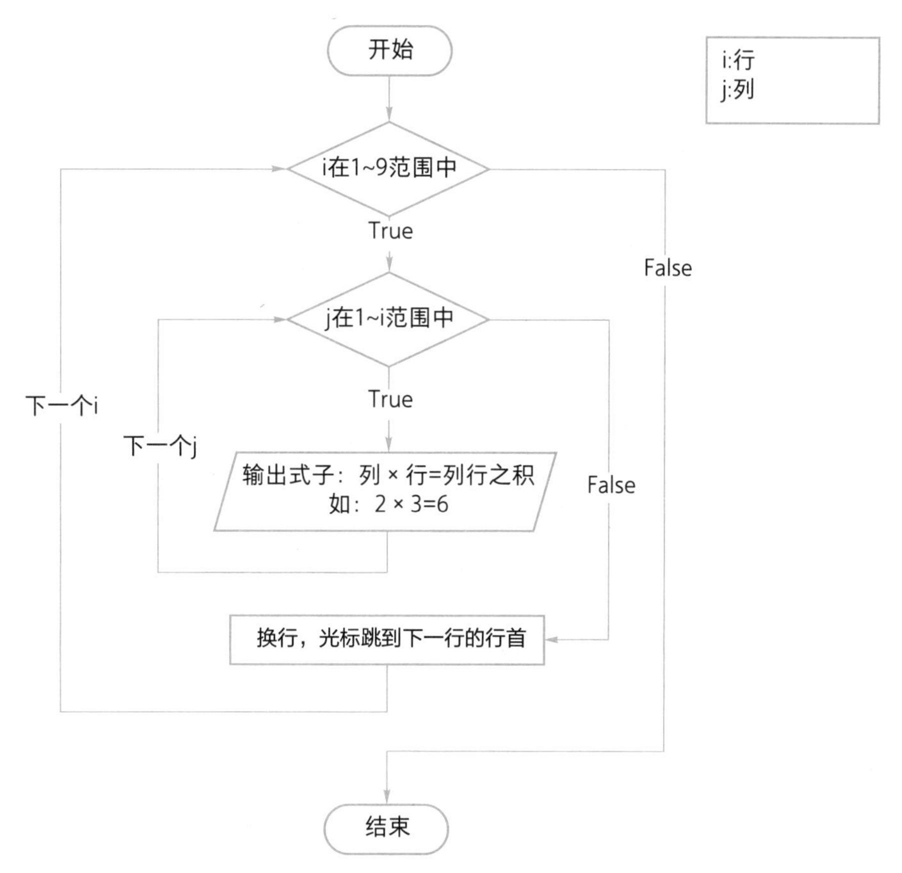

图 3-5-3　打印输出九九乘法表程序流程图

【例 2】编程题：用多重循环求水仙花数。水仙花数是指，一个三位数各位数字的立方和等于该数本身。如 $153=1^3+5^3+3^3$，153 即是一个水仙花数。运行结果如图 3-5-4 所示。

```
水仙花数:
153
370
371
407
```

图 3-5-4　求水仙花数运行结果

【解析】

（1）水仙花数的百位可能的数字为 1 ～ 9，十位和个位可能的数字为 0 ～ 9，用三重循环来遍历所有可能的数字组合。百位用变量 bai，十位 shi，个位 ge。

（2）内循环中，构造出三位数：bai*100+shi*10+ge；计算立方和的值：bai**3+shi**3+ge**3，

判断两者是否相等。

（3）流程图如图 3-5-5 所示。

【答案】

```
print(" 水仙花数 :")
for bai in range(1,10):
    for shi in range(0,10):
        for ge in range(0,10):
            t1=bai*100+shi*10+ge
            t2=bai**3+shi**3+ge**3
            if t1==t2:
                print(t1)
```

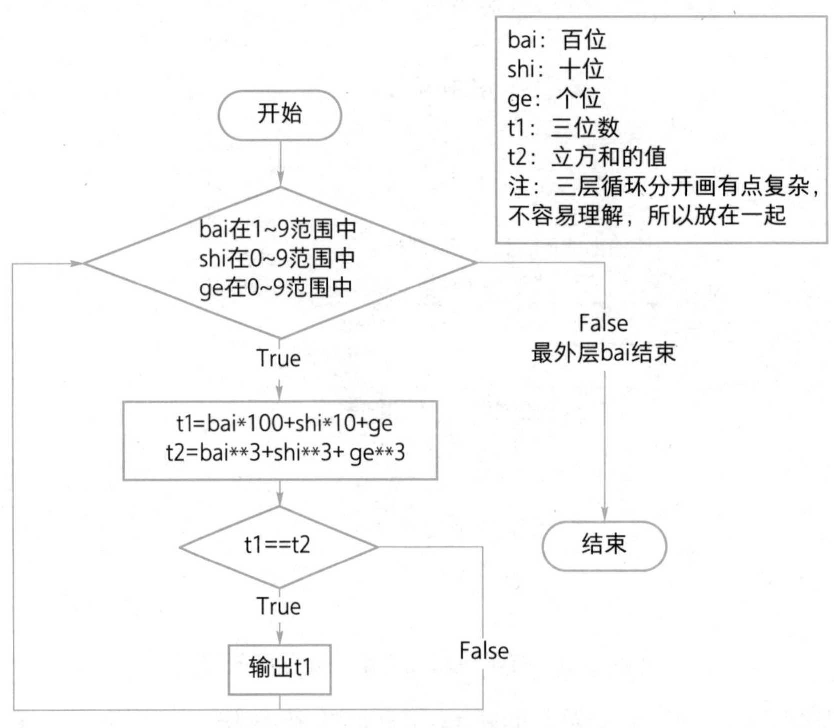

图 3-5-5　求水仙花数程序流程图

巩固练习

一、单选题

1. 以下 Python 代码执行后，print("*") 语句一共执行了（　　）次。

```
for i in range(1,10):
```

```
    for j in range(1,5):
        print("*")
```

A. 5　　B. 15　　C. 36　　D. 50

2. 执行以下代码，输出结果为（　　）。

```
s=0
for i in range(1,4):
    j=1
    while j<=i:
        s+=j
        j+=1
print(s)
```

A. 6　　B. 8　　C. 10　　D. 出错

3. 执行以下列代码，t 的值为（　　）。

```
stu=["aLex", "rose", "marchex"]
t=0
for each in stu:
    t=0
    for i in each:
        t+=1
print(t)
```

A. 3　　B. 4　　C. 7　　D. 15

二、填空题

1. 在嵌套循环结构中，执行流程必须先等（　　　）层循环执行完毕，才会逐层继续执行（　　　）层循环。（填写：内 / 外）

2. 在多重循环嵌套结构中，循环之间（　　　）交错（交叉）。（填写：可以 / 不可以）

三、编程题

1. 一百元兑换成 5 元、10 元或 20 元，每种至少各一张，求出有多少种不同的兑换方法，以及每种兑换方法各类货币的数量运行结果如图 3-5-6 所示。

2. 有一张单据上有一个五位数的号码 67**8，其中百位和十位上的数字看不清了，但知道该数能被 78 整除，也能被 67 整除。设计一个程序求出该号码。运行结果如图 3-5-7 所示。

```
5元 10元 20元
2   1   4
2   3   3
2   5   2
2   7   1
4   2   3
4   4   2
4   6   1
6   1   3
6   3   2
6   5   1
8   2   2
8   4   1
10  1   2
10  3   1
12  2   1
14  1   1
一共有19种不同的兑换方法
```

图 3-5-6　兑换方式运行结果

```
67938
```

图 3-5-7　查数字运行结果

3．有三个正整数，它们的和为 23。第一个数的两倍、第二个数的三倍和第三个数的五倍三者之和为 81，求这三个数。结果如图 3-5-8 所示。

4．雨淋湿了算术本上的一道题，8 个数字只能看清 3 个，其中第一个数字虽然模糊不清，但可以看出不是 1。题目为 [□ ×(□ 3+□)]^2=8 □□ 9, 确定方框中应是什么数。运行结果如图 3-5-9 所示。

```
a   b   c
2   14  7
4   11  8
6   8   9
8   5   10
10  2   11
```

图 3-5-8　求数字运行结果

```
8649
```

图 3-5-9　确定数字运行结果

5．某数学比赛参加人数为 380 ~ 450 人。比赛结果，全体考生总平均分为 76 分，男生的平均分为 75 分，女生的平均分为 80.1 分，求男女生各多少人。运行结果如图 3-5-10 所示。

```
人数：408。其中：男生有328人，女生有80人
```

图 3-5-10　求男女生人数运行结果

6．有红、白、黑三种球若干个，其中红、白球共 25 个，白、黑球共 31 个，红、黑球共 28 个，求这三种球各多少个。运行结果如图 3-5-11 所示。

```
红：11,白：14,黑：17
```

图 3-5-11　求三种球数量运行结果

3.6　循环结构——循环控制

重点知识

break 语句：中断本层循环。可用于 for 循环和 while 循环。在嵌套循环中 break 语句只中断本层循环，如图 3-6-1 所示。

continue 语句：跳过本次循环后续剩余语句，回到循环的起始处，继续下一次循环，如图 3-6-2 所示。

pass语句：空语句，不执行任何操作，纯粹为了保持程序结构的完整性。

else 语句：循环正常完成后执行的语句。注意，当循环通过 break 语句中断，则不执行 else 语句，如图 3-6-3 所示。

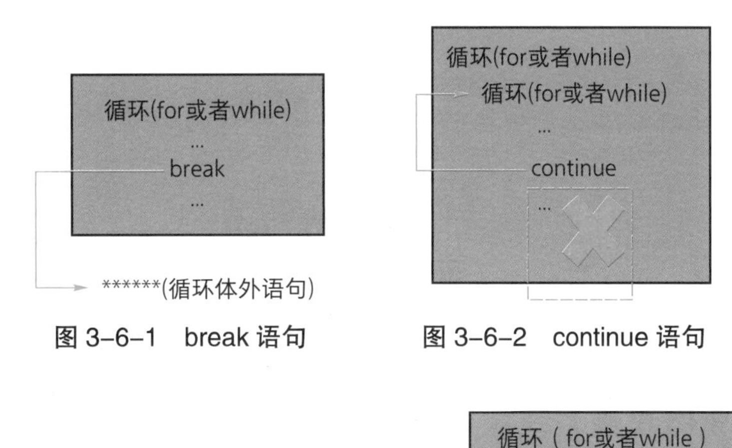

图 3-6-1　break 语句　　图 3-6-2　continue 语句

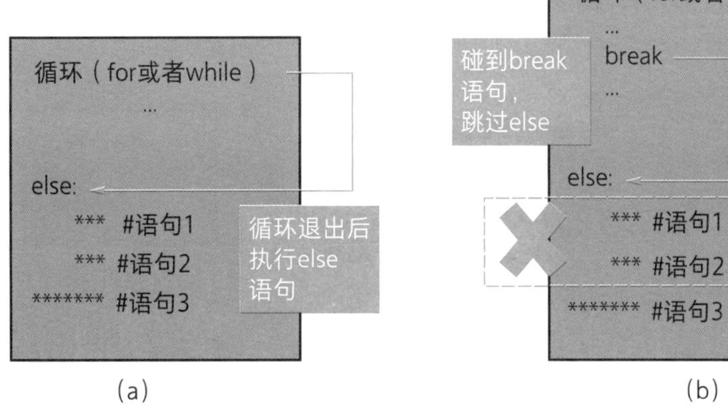

图 3-6-3　else 语句

例题精选

【例 1】简答题：认真阅读图 3-6-4 Python 代码，完成以下问题。

```
scores=[80,79.5,56,88,77,92,0,-1,79,45,34]
n=0  #人数
for cj in scores:
    if cj<0:
        print("原始成绩有误，请校验")
        break
    elif 0<=cj<60:
        continue
    n+=1
else:
    print("及格人数：",n)
```

图 3-6-4　Python 代码

（1）运行上述代码后，屏幕输出结果是什么？

（2）如果把 scores 列表中值 -1 改为 0，再次运行上述代码，写出屏幕输出结果。

【解析】

（1）for 循环（或者 while 循环）带 else 语句时，如果程序运行中碰到 break 语句以中断形式退出循环，则不执行 else 后面的语句。

（2）continue 提前结束本次循环，跳过本次循环后面的语句 n+=1，跳转到下一次循环的开始位置。

（3）认真阅读并注意缩进，本题代码中的 else 语句属于 for 循环，而非 if 语句。

【答案】

（1）原始成绩有误，请校验

（2）及格人数：6

【例 2】简答题：判断字符串是不是回文。回文又称对称句，即正读和反读相同的句子。有一位同学写了以下代码，来判断输入字符串是不是回文，如图 3-6-5 所示。请认真阅读，回答下面问题。

```
s=input("请输入字符串：")
n=len(s)
for i in range(0,n//2):
    if s[i]!=s[-(i+1)]:
        print(s,"不是回文")
        break
else:
    print(s,"是回文")
```

图 3-6-5　回文代码

（1）上述代码能进行正确判断吗？

（2）用户输入“abcba”，输出结果是什么？

（3）用户输入“1234567”，输出结果是什么？

【解析】

（1）判断回文思路：判断字符串的第 1 个字符和最后 1 个字符是否相等，第 2 个字符和倒数第 2 个字符比较，第 3 个字符和倒数第 3 个字符比较……一直比较到中间字符为止。如果有一次不相等，则该字符串不是回文，如果全部相等（for 循环正常结束）就是回文。

（2）Python 字符串序号从 0 开始，即字符串的第 1 个字符下标为 0。所以第 1 个字符和最后 1 个字符的 Python 表示方法为：s[0] 和 s[−1]；第 i 个字符和倒数第 i 个字符的 Python 表示方法为：s[i−1] 和 s[−i]。

【答案】

```
（1）能正确判断用户输入的是回文句还是非回文句。
（2）abcba 是回文
（3）1234567 不是回文
```

巩固练习

一、单选题

1．在 Python 中，以下保留字不属于循环结构的是（　　）。

A．for　　B．elif　　C．else　　D．while

2．用来中断循环的执行，并退出当前所在循环体的是（　　）。

A．else　　B．continue　　C．break　　D．pass

3．用来强迫 for 或 while 循环语句结束当前正在进行的循环进程，并继续执行下一轮循环的是（　　）。

A．else　　B．continue　　C．break　　D．pass

二、填空题

1．Python 无限循环（死循环）while True 的循环体中可用（　　　　）语句退出循环。

2．break 可以跳出（　　　　）循环，continue 可以跳出（　　　　）循环。

3．通过（　　　　）跳出循环，不能执行循环中 else 后面的语句块。

4．（　　　　）是空语句，它不做任何操作，纯粹为了保持程序结构的完整性。

三、编程题

随机产生 50 ~ 100 的随机整数，请学生猜这个随机整数，并提示猜的数字偏大还是偏小。如果猜对，则给出提示并结束游戏。变量命名建议：系统产生的数为 num，用户输入的数为 t。运行结果如图 3-6-6 所示。

注意：使用 while True 和 break 编写程序。

```
请输入你要猜的数字（50-100）吧：75
很遗憾!猜的数字偏大了
请输入你要猜的数字（50-100）吧：60
很遗憾!猜的数字偏大了
请输入你要猜的数字（50-100）吧：55
很遗憾!猜的数字偏小了
请输入你要猜的数字（50-100）吧：58
很遗憾!猜的数字偏小了
请输入你要猜的数字（50-100）吧：59
恭喜!猜对了
```

图 3-6-6　猜数字运行结果

上 机 实 训

实训一

任务描述

编写程序实现英语字符串的加密操作。加密原则：如果字符是字母，则每个字符按照字母表向后移 6 位，加密后仍然是字母，其他字符保持不变。运行结果如图 3-7-1 所示。

原英文字符：abcdefghijklmnopqrstuvwxyz

加密后字符：ghijklmnopqrstuvwxyzabcdef

原英文字符：ABCDEFGHIJKLMNOPQRSTUVWXYZ

加密后字符：GHIJKLMNOPQRSTUVWXYZABCDEF

如输入字符串为：I am a Student!

加密后的字符串为：O gs g Yzajktz!

```
请输入原始字符串：I am a Student!
加密后： O gs g Yzajktz!
```

图 3-7-1　字符串加密运行结果

解题策略

1. 基本思路：首先，依次读取用户输入的每一个字符。其次，对每一个字符进行判断，如果是大写字母向后移 6 位，如果移动后超出大写字母范围，从 A 字母重新排；如果是小写字母类同大写；其他字符不变。最后，把变换后的字符连接，即是加密后字符串。完成加密工作。

2. 字母向后移 6 位，Python 中没有这样的操作，字母也不能直接加数字，语法不允许。解决办法：通过 ord() 函数把字母转换成对应的 ASCII 码值，对 ASCII 码值进行移位操作 (+6)，移位后再通过 chr() 函数把 ASCII 码值转换成字母，如图 3-7- 2 所示。

图 3–7–2　字母后移

3．流程图如图 3–7–3 所示。

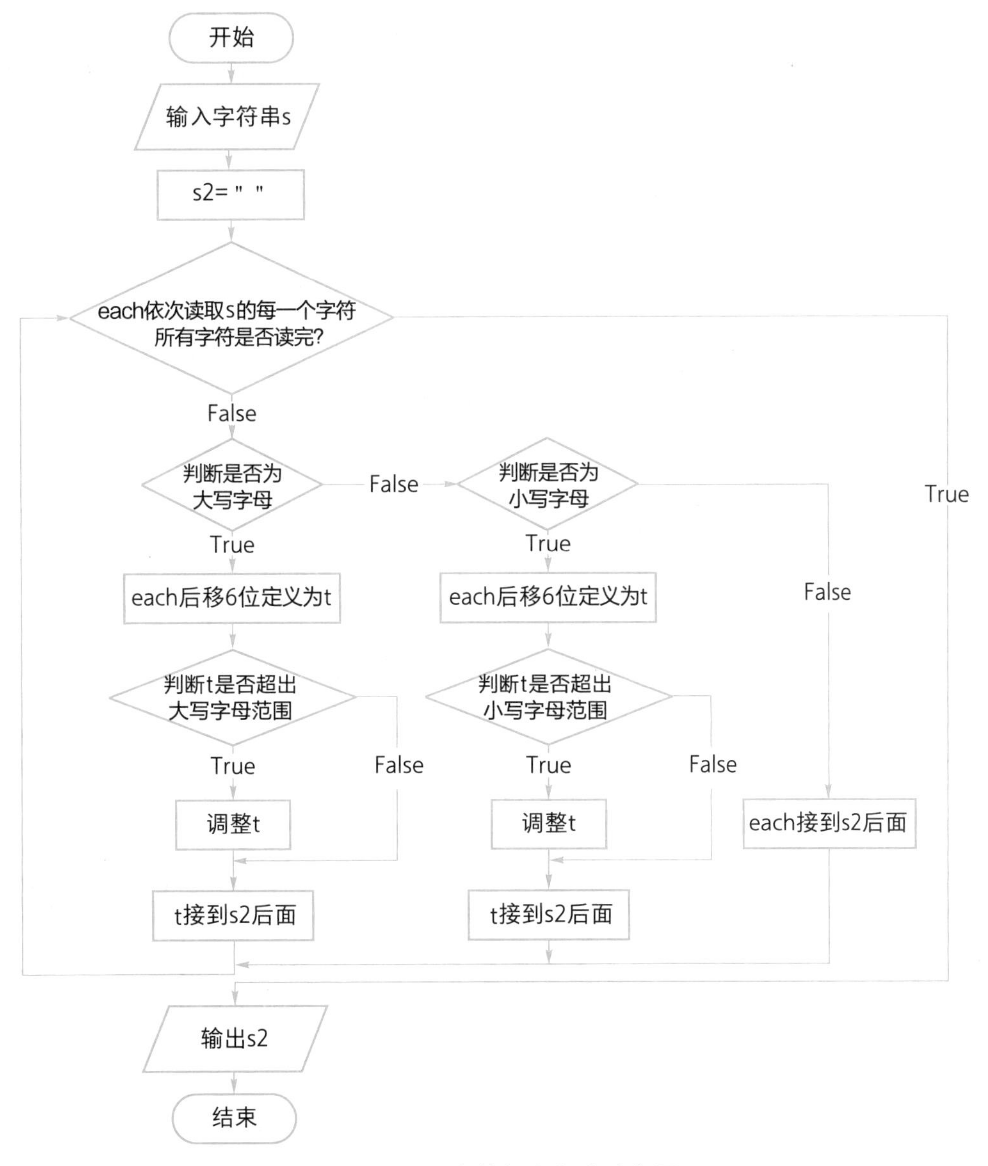

图 3–7–3　字符加密程序流程图

4．参考代码如图 3–7–4 所示。

```
s=input("请输入原始字符串：")
s2=""        #加密后的字符串
for each in s:
    if "a"<=each<="z" :            #当前字符是小写字母
        t=ord(each)+6              #向后移6位
        if t>ord("z"):t=t-26       #超出最后一个字母z，从a开始重新计
        s2+=chr(t)                 #字母添加到加密后的字符串中
    elif "A"<=each<="Z":           #如果是大写字母
        t=ord(each)+6
        if t>ord("Z"):t=t-26
        s2+=chr(t)
    else:                          #非字母字符
        s2+=each                   #不变，添加到加密后的字符串中
print("加密后：",s2)
```

图 3-7-4　参考代码

疑难解释

疑难解释见表 3-7-1。

表 3-7-1　实训一疑难解释

序号	疑惑与困难	释　疑
1	字母each向右移6位，为什么不直接用each+6，而要用ord()和chr()函数	字母不能加数字。字母对应的ASCII值可以加减数字,所以运算时用到了字母和ASCII值之间的转换函数
2	能不能把大写和小写归为一类来写	可以，但是逻辑稍复杂、不易理解。 分开写虽然代码多了，但是容易理解
3	程序中为什么减26	字母共26个

实训二

任务描述

用随机函数模拟掷骰子，统计掷 50 次骰子，出现各点数的次数。运行结果如图 3-7-5 所示。

```
掷骰子50次:
1出现了6次
2出现了7次
3出现了13次
4出现了14次
5出现了2次
6出现了8次
```

图 3-7-5　掷骰子运行结果

解题策略

1. 流程图如图 3-7-6 所示。
2. 参考代码如下。

```
import random
print(" 掷骰子 50 次：")
# 为方便阅读代码，lst[0] 不用，lst[1] 存放 1 出现的次数，下标 2 ~ 6 类同
```

```
lst=[0 for i in range(7)]
for i in range(50):                      # 抛 50 次
    t=random.randint(1,6)                # 随机产生一个 1 ~ 6 之间的数
    lst[t]+=1                            # 加 1 次
for i in range(1,7):                     # 输出
    print("{} 出现了 {} 次".format(i,lst[i]))
```

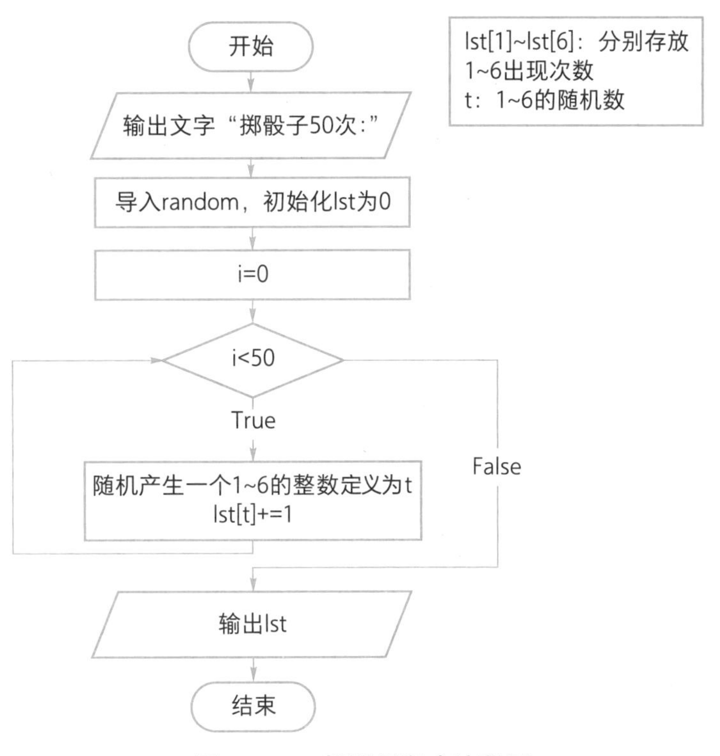

图 3-7-6　掷骰子程序流程图

疑难解释

疑难解释见表 3-7-2。

表 3-7-2　实训二疑难解释

序号	疑惑与困难	释　　疑
1	为什么是lst[t]+=1,而不是t+=1	t:抛骰子时产生的值 lst[t]:某个值出现的次数 假如数字3已出现10次，则lst[3]的值为10。当下一次抛出来的值t=3时，lst[3]中的值应该变成：10+1＝11，即lst[3]+=1
2	为什么不用lst[0]	方便理解。因为Python列表序号从0开始计，而生活中第1个元素的序号从1开始

单 元 习 题

一、判断题

1．带有 else 子句的循环语句，如果因为执行了 break 语句而退出，则会执行 else 子句中的代码。（　　）

2．带有 else 子句的循环语句，如果是因为循环条件表达式不成立而自然结束循环，则执行 else 子句中的代码。（　　）

3．在条件表达式中不允许使用赋值运算符“=”，会提示语法错误。（　　）

4．Python 中带 else 循环结构的语句，只要循环体中有 break 代码，程序一定不会运行 else 语句块。（　　）

5．for–in 循环每执行一次，如果步长没有特别指定，默认值是 1。（　　）

6．while 循环会先检查条件表达式。（　　）

7．while 循环中，如果跳出循环的条件设置不当，有可能陷入无限死循环。（　　）

8．在 for 循环中，还可以包含其他的 for 循环。（　　）

二、填空题

1．表达式 5 if 5>6 else (6 if 3>2 else 5) 的值为（　　　　）。

2．Python 中关键字 elif 表示（　　　　）和（　　　　）两个单词的缩写。

3．循环语句中经常用到计数器，计数器变量 n 加 1 的相关代码是（　　　　）。

4．for 循环可以遍历任何序列的元素，序列可以是（　　　　）、（　　　　）、元组、字典等。

5．要执行 for 循环中 else 语句的代码，程序执行过程中不能碰到（　　　　）语句来结束循环。

6．执行以下代码，输出结果为（　　　　）。

```
s1=0
s2=0
for i in range(100):
    s1=1
    s2+=1
print(s1,s2)
```

7．执行以下代码，输出结果为（　　　　）。

```
a=[0,0,0,0,0,0,0,0,0,0,0]
for k in range(1,11):
    a[k]=10-k
x=6
y=5
print(a[(x+y)//2],a[y//3],a[1+a[x]])
```

8. 执行以下代码，输出结果为（　　　　）。

```
a=[0 for i in range(5)]
for i in range(5):
    a[i]=i
print(a[i])
```

9. 执行以下代码，输出结果为（　　　　）。

```
lst1=[0 for i in range(11)]
for i in range(1,11):
    lst1[i]=i%2
for i in range(1,5):
    lst1[0]+=lst1[i]
print(lst1[0])
```

10. 执行以下代码，输出结果为（　　　　）。

```
a=[0 for i in range(20)]
b=[0]*11
k=8
n=9
for i in range(1,10):
    a[i]=i*2
    b[k]=a[i]+10
print(a[k],b[k])
```

11. 执行以下代码，输出结果为（　　　　）。

```
a=[0]*8
b=[0]*8
for i in range(1,6):
    a[i]=i
    b[i]=i*i
for i in range(4,7):
    print(a[i],b[i-1])
```

12．用列表推导式生成列表 lst2，它的元素为 1、2、3、…、19、20。列表推导式应为（　　　　）。

13．用列表推导式生成列表 lst3，它的值为 26 个小写英文字母：["a", "b", "c",…, "z"]。列表推导式应为（　　　　）。

三、单选题

1．以下 if 语句语法错误的是（　　）。

A．
```
if a>0:x=20
else:x=200
```

B．
```
if a>0:x=20
else:
    x=200
```

C．
```
if a>0:
    x=20
else:x=200
```

D．
```
if a>0
    x=20
else
    x=200
```

2．在 Python 中，实现多分支选择结构的较好方法是（　　）。

A．if　　B．if–else　　C．if–elif–else　　D．if 嵌套

3．执行以下代码，输出结果为（　　）。

```
if 2:
    print(5)
else:
    print(6)
```

A．0　　B．2　　C．5　　D．6

4．执行以下代码，输出结果为（　　）。

```
x=0
```

```
y=True
print(x>y and 'A'<'B')
```

A．True　　B．False　　C．true　　D．false

5．执行以下代码，输出结果为（　　）。

```
for s in "HelloWorld":
    if s=="W":
        continue
    print(s,end="")
```

A．Hello　　B．World　　C．HelloWorld　　D．Helloorld

6．执行以下代码，输出结果为（　　）。

```
x=0
i=1
while i<=10:
    if i%3==0:
        x+=i
    i+=1
print(x)
```

A．3　　B．6　　C．9　　D．18

7．以下代码中循环体 n+=1 执行的次数是（　　）。

```
n=0
for i in range(-5,9,2):
    n+=1
print(n)
```

A．0　　B.7　　C．1　　D．3

8．执行以下代码后循环变量 i 的值是（　　）。

```
n=0
for i in range(2,18,3):
    n+=1
```

```
print(i)
```

A．21　　B．17　　C．20　　D．19

9．执行以下代码，输出结果为（　　）。

```
n=0
for i in range(12,-1,-3):
    n+=1
print(i,n)
```

A．-3　5　　B．0　5　　C．-3　4　　D．0　4

四、多选题

1．以下关于 Python 语句的描述中，不正确的是（　　）。

A．同一层次的 Python 语句必须对齐

B．Python 语句可以从一行的任意一列开始

C．在执行 Python 语句时，可以发现注释中的拼写错误

D．Python 程序的每行只能写一条语句

2．程序的三种结构分别为（　　）。

A．顺序结构　　B．分支结构（选择结构）

C．循环结构　　D．一般结构

3．条件表达式的值只有（　　）和（　　）两种，称为布尔型的值。

A．真（True）　　B．假（False）　　C．数字　　D．字符串

4．以下代码中求 x 和 y 中的较大数，正确的是（　　）。

A．maxNum=x if x>y else y

B．if x>y:maxNum=x
else:maxNum=y

C．maxNum=y
if x>y:maxNum=x

D．if y>=x:maxNum=y
maxNum=x

5．下面 if 语句统计“成绩（mark）优秀的男生及不及格的男生”的人数，不正确的语句为（　　）。

A．if gender== " 男 " and mark<60 or mark>=90:n+=1

B．if gender== " 男 " and mark<60 and mark>=90:n+=1

C．if gender== " 男 " and (mark<60 or mark>=90):n+=1

D．if gender== " 男 " or mark<60 or mark>=90:n+=1

6．以下能实现 s=1+2+3+…+10 的 Python 代码是（　　）。

A．
```
s=0
for i in range(1,11):
    s+=i
```

B．
```
s=0
for i in range(10):
    s+=i+1
```

C．
```
s=0
i=1
while i<=10:
    s+=i
```

D．
```
lst1=[i for i in range(11)]
s=sum(lst1)
```

7．以下代码中能输出如下图形的有（　　）。

```
*
**
***
****
```

A．
```
for i in range(4):
    for j in range(i):
        print("*",end="")
    print()
```

B．
```
print("*")
print("**")
print("***")
print("****")
```

C．
```
for i in range(1,5):
    for j in range(1,i+1):
        print("*",end="")
    print()
```

D．
```
for i in range(1,5):
    print("*"*i)
```

五、编程题

1．从键盘上输入一个字符。当输入的是英文字母时，输出“输入的是英文字母”；当输入的是数字时，输出“输入的是数字”；当输入的是其他字符时，输出“输入的是其他字符”。

2．实现一个简单的出租车计费系统。当输入行程的总里程，输出乘客应付的车费（车费保留一位小数)。计费标准具体为起步价 3 千米以内 10 元，超过 3 千米以后，每千米费用为 1.2 元；超过 10 千米以后，每千米的费用为 1.5 元。

3．输入 4 位数年份，若不符合 4 位数，则输出错误提示；若为 4 位数，则判断该年份是否为闰年，并输出结果。

4．有一根长度为 n（单位：m）的钢筋，需要截成长度为 69 cm、39 cm、29 cm 的三种规格的短料，在三种规格至少各截 1 根的前提下，如何截取才能使所余下的材料最少？ n 由用户来输入。运行结果如图 3-8-1 所示。

```
请输入钢筋长度（m）：6
截取长度69cm,39cm,29cm不同长度的短料
69cm:6根，38cm:4根，29cm:1根
剩余：1cm
```

图 3-8-1　钢筋截取运行结果

5．编写程序，运行结果如下。

```
A
BBB
CCCCC
DDDDDDD
```

6．编写程序，求勾股数（设 a 为勾，b 为股，c 为弦，勾股数满足：$a^2+b^2=c^2$；a、b、c 均为自然数；且 $a<b$, $a<30$, $b<30$, $c<30$），输出所对应的勾、股、弦数。运行结果如图 3-8-2 所示。

7．百马百瓦问题。这是一个古老的问题：有 100 匹马（包括公马、母马、马驹）驮 100 块瓦，公马驮 3 块，母马驮 2 块，两个马驹驮 1 块。编程求公马、母马和马驹各多少匹。运行结果如图 3-8-3 所示。

```
a   b   c
3   4   5
5   12  13
6   8   10
7   24  25
8   15  17
9   12  15
10  24  26
12  16  20
15  20  25
20  21  29
```

图 3-8-2　勾股数运行结果

```
公马 母马 马驹:
2    30   68
5    25   70
8    20   72
11   15   74
14   10   76
17   5    78
```

图 3-8-3　百马百瓦运行结果

第4单元　Python语言中的函数与模块

学习目标

1．理解函数的概念及作用；

2．掌握函数的定义方法、调用方式和参数传递；

3．理解函数的作用域；

4．掌握数学函数、字符串函数及列表函数三类常用函数的使用方法；

5．理解模块的概念，掌握模块的引用；

6．熟练掌握 Python 标准库中的 turtle 模块、os 模块、sys 模块、math 模块和 random 模块。

4.1　函数的基本规范

重点知识

1．学习自定义函数，首先要学会使用注释。一般自定义函数包括函数功能、函数名称、函数参数、函数返回值、函数设计者、设计日期等注释。

2．在学习他人的函数时，可以尝试绘制函数运行流程图。

3．在自定义函数时，尽量让一个函数只完成一项功能。尽可能地思考各种可能存在的输入参数情况，并做好应对。

4．谨记函数的功能是为了让代码逻辑得到优化。为了提升编码效率，不要为了仅使用一次的功能而特意去写一个函数，画蛇添足不可取。

5．每个输入到函数内的参数首先都需要判断是否符合要求，以保证函数内部代码的运行安全性。

例题精选

【例 1】单选题：以下可用于保留 1 位小数的函数是（　　）。

A．round(x,1)　　B．input(x,1)　　C．print(x,1)　　D．type(x,1)

【解析】

（1）round() 函数用于返回浮点数 x 的四舍五入值。语法格式是：round(x[,n])，其中 n 表示小数位数。

（2）input() 函数用于接收一个标准输入数据，返回为 string 类型。

（3）print() 函数用于打印输出，是 Python 中最常见的一个函数。

（4）type(x) 函数用于返回参数的数据类型。

【答案】A

【例 2】单选题：以下对函数描述正确的是（　　）。

A．函数可以被其他代码重复调用，但不可以被其他函数调用

B．函数可以被其他函数调用，但不可以重复调用

C．函数可以被其他代码重复调用，也可以被其他函数调用

D．函数可以被其他代码重复调用，并且实现很多功能

【解析】

（1）函数定义：函数是指通过专门的代码组织，用来实现特定功能的代码段，它具有相对独立性，可供其他代码重复调用。

（2）定义中表述的其他代码既是指主程序中的代码，也是其他函数内的代码，因此选项 A 错误。

（3）函数代码可供其他代码重复调用，因此选项 B 错误。

（4）函数代码是用来实现特定功能的代码段，一般不用来实现很多功能，因此选项 D 错误。

【答案】C

【例 3】判断题：匿名函数和标准自定义函数一样，都有函数名称。　　（　　）

【解析】

（1）标准自定义函数包括关键字 def、函数名称、参数、函数体、返回值 5 个部分，其中函数名称必不可少。

（2）匿名函数以关键字 lambda 开始，并不存在函数名称。

【答案】×

【例 4】填空题：已知 x=3，并且 id(x) 的返回值为 496103280，那么执行语句 x+=6 之后，表达式 id(x)==496103280 的值为（　　　　）。然后，执行语句 x-=6 之后，表达式 id(x)==496103280 的值为（　　　　）。

【解析】

（1）id 方法的返回值就是对象的内存地址。

（2）int 类型是不可变的，因此执行 x+= 6 时，内存地址会变化，因此第一个答案是 False。

（3）因为 int 类型是不可变的，所以无论创建多少个不可变类型，只要值相同，都会指向同一个内存地址，因此第二个答案是 True。

【答案】False，True

【例 5】填空题：执行语句 print(1,2,3,sep=":") 的输出结果为（　　　　）。

【解析】

（1）print() 函数用于打印输出，是 Python 中最常见的一个函数。

（2）print() 函数具有丰富的功能，详细语法格式如下：

```
print(value,...,sep="", end="\n", file=sys.stdout, flush=False)
```

可选关键字参数如下。

file：类文件对象（stream），默认为当前的 sys.stdout。

sep：在值之间插入的字符串，默认为空格。

end：在最后一个值后附加的字符串，默认为换行符。

flush：是否强制刷新流。

（3）本题中用到了 sep 参数，该参数表示在值与值之间插入字符串，因此本题答案为 1:2:3。

【答案】1:2:3

【例 6】多选题：以下参数格式属于不定长参数传递正确写法的是（　　）。

A．函数名（[参数，参数，] 参数）

B．函数名（[参数，参数，]* 参数）

C．函数名（[参数，参数，]** 参数）

D．函数名（[参数，参数，]*** 参数）

【解析】

（1）函数参数按调用方式可分为位置参数、关键字参数、默认参数、不定长参数。

（2）不定长参数根据参数类型的不同，又分为两种。

① 传递任意数量参数值的参数格式为：函数名（[参数，参数，]* 参数）。

② 传递任意数量键值对的参数格式为：函数名（[参数，参数，]** 参数）。

【答案】BC

【例 7】编程题：编写函数 fun(a,b,c)，判断输入的三条边长可否组成直角三角形。

【解析】

（1）首先明确这是自定义函数，参数为 a,b,c，有返回值。

（2）其次编写函数体，依次判断构成三角形的各种条件。

① 三角形的边长不小于 0。

② 三角形任意两条边的长度之和大于第三条边。

③ 三条边能组成直角三角形的条件是：其中两条边的平方之和等于第三条边的平方。

④ 对于输入参数的每一种情况，如输入的是负数，或者不满足边的条件，或者无法组成直角三角形，都应该有返回值。

【答案】

根据上述分析，程序语句为：

```
def fun(a,b,c):
    msg=""
    if (a<0) or (b<0) or (c<0):
        msg="边不能为负数，输入有误"
    elif (a+b<=c) or (b+c<=a) or (b+c<a):
        msg="不符合边的条件，输入有误"
    elif (a*a+b*b == c*c) or (a*a+c*c == b*b) or (c*c+b*b == a*a):
        msg="三条边能组成直角三角形"
    else:
        msg="三条边无法组成直角三角形"
return msg
```

【例 8】编程题：编写函数 fun(x) 计算下列分段函数的值并返回。

$$f(x)=\begin{cases} x & x<0 \text{ 且 } x\neq-3 \\ x*x+2x & 0\leqslant x<7 \text{ 且 } x\neq1 \text{ 及 } x\neq4 \\ x*x-1 & \text{其他} \end{cases}$$

【解析】

(1) 根据题意，要求自定义函数，函数名称为 fun，参数为 x，有返回值。

(2) 分段函数在于根据不同的情况做出不同的返回值。

① 当 x 小于 0 时且不等于 -3 时，返回 x。

② 当 x 为 0 ～ 7，且 x 不等于 1 或 4 时，返回 x*x+2*x。

③ 其他情况下，返回 x*x+1。

【答案】

根据上述分析，程序语句为：

```
def fun(x):
    if (x<0) and (x!=-3):
```

```
        return x
    elif (x>=0) and (x<7) and (x!=1) and (x!=4):
        return x*x+2*x
    else:
        return x*x-1
```

巩固练习

一、单选题

1．可以显示变量类型的函数是（　　）。

A．len　　B．type　　C．id　　D．input

2．len([1,2,3]) 的值为 (　　)。

A．12　　B．123　　C．2　　D．3

3．以下是匿名函数关键字的单词为（　　）。

A．def　　B．lambda　　C．lanbda　　D．lamdba

4．以下选项不建议作为自定义函数的名称，虽然运行程序不报错，但会与内置函数冲突的是（　　）。

A．msgbox　　B．print　　C．lan　　D．typeid

5．函数内的参数，一般作为分隔符的是（　　）。

A．逗号　　B．分号　　C．冒号　　D．句号

6. 以下描述正确的是（　　）。

A．位置参数调用，不需要与函数定义的参数一一对应

B．关键字调用，需要与函数定义的参数一一对应

C．默认参数调用允许在调用函数的时候，不输入参数

D．不定长参数调用最多可以输入的参数不能超过 10 个

7．定义一个函数：def get(n,m=3)，以下调用方式错误的是（　　）。

A．get(3)　　B．get(2)　　C．get(3,4)　　D．get(1,2,3)

8．以下数据类型的参数属于可变参数的是（　　）。

A．字符串　　B．列表　　C．元组　　D．数字

9．只能在被定义的函数内访问的是（　　）。

A．局部变量　　B．局部作用域　　C．全局变量　　D．全局作用域

10．针对以下代码，正确的选项是（　　）。

```
name="张三"
def show():
    name="李四"
    print(name)
show()
```

A．调用 show，会输出“张三”　　B．调用 show，会输出“李四”

C．调用 show，无法输出任何内容　　D．调用 show，会输出“张三李四”

二、填空题

1．函数是指通过专门的代码组织，用来实现（　　　　）的（　　　　），它具有相对（　　　　），可供其他代码（　　　　）。

2．Python 函数功能全面，如打印输出函数为（　　　　），获取长度函数为（　　　　），保留小数的函数为（　　　　）。

3．len() 函数的作用是（　　　　），len("123") 返回值为（　　　　）。

4．标准的自定义函数必须以（　　　　）开头，接着输入（　　　　），以（　　　　）紧跟函数名称，并以（　　　　）结尾。

5．函数名称不能与（　　　　）相同，输入（　　　　）可查看当前的内置函数名称。

6．标准自定义函数一般包括（　　　　）、（　　　　）、（　　　　）、（　　　　）、（　　　　）。

7．函数的参数之间一般以（　　　　）作为分隔符。

8．采用位置参数的方式调用函数时，传递的参数和函数定义的参数必须（　　　　）。

9．在不定长参数传递过程中，传递任意数量参数值的参数格式为（　　　　），传递任意数量（　　　　）的参数格式为（　　　　），两者相差一个（　　　　）。

10．局部变量的作用，是在函数内部临时（　　　　）。

三、编程题

1．编写函数 fun，实现如下功能：输出参数的长度。可参考数字：1、10、100。效果如图 4-1-1 所示。

请输入数字1 1	请输入数字10 2	请输入数字100 3
(a)	(b)	(c)

图 4-1-1　输出参数长度

2．已知 b=10，c="你好"，d=[1,2,3]，编写函数 fun，实现如下功能：检测数据类型。效果如图 4-1-2 所示。

3．观察图 4-1-3 所示效果，完善函数 fun 代码，实现如下功能：判断输入参数能否被 3 整除。

```
10
<class 'int'>
你好
<class 'str'>
[1,2,3]
<class 'list'>
```

图 4-1-2　数据类型检测

```
请输入一个数3
能被3整除
```
（a）

```
请输入一个数5
不能被3整除
```
（b）

图 4-1-3　能否被 3 整除

```
def fun(a,n):
    if ______________:
        print(" 能被 3 整除 ")
    else:
        ______________
a=______________
fun(a,3)
```

4．观察图 4-1-4 所示效果，完善函数 fun 代码，实现如下功能：判断输入参数是否为玫瑰花数，并返回。如果一个四位数等于它的各位数字的四次方和，则称为玫瑰花数。

```
请输入一个四位数1634
1634是玫瑰花数
```
（a）

```
请输入一个四位数4567
不是玫瑰花数
```
（b）

图 4-1-4　玫瑰花数

```
def fun(i):
    a=int(i / 1000)
    b=______________
    c=______________
    d=______________
    if i==______________:
        print(str(i)+" 是玫瑰花数 ")
    else:
        print(" 不是玫瑰花数 ")
i=int(input(" 请输入一个四位数 "))
fun(i)
```

5．编写匿名函数，返回两个数之和，效果如图 4-1-5 所示。

6．观察图 4-1-6所示效果，完善函数 fun 代码，从键盘输入一个数字，计算并返回 1

到该数之间的阶乘之和，如输入 5，计算并返回 1!+2!+3!+4!+5!。

```
x=1,y=2时调用匿名函数,值为如下结果
3
```

图 4–1–5　匿名函数求和

```
请输入一个数5
153
```

图 4–1–6　阶乘之和

```
def fun(n):
    ______________
    total=0
    for i in range(1,______________):
        ______________
        total+=sum
    print(total)
n=int(input(" 请输入一个数 "))
fun(n)
```

7．观察图 4–1–7 所示效果，完善函数 fun(flag,objs)。flag 用来控制升序或降序，objs 为排序的对象，个数不固定，该函数功能为对输入的对象值进行排序。

```
列表为[1,2,3,6,5],降序
[6, 5, 3, 2, 1]
列表为[1,2,3,6,5],升序
[1, 2, 3, 5, 6]
```

图 4–1–7　实现排序功能

```
def fun(flag,objs):
    if flag==True:
        ______________
        print(objs)
    ______________:
        objs.sort()
        print(objs)
vowels=[1,2,3,6,5]
fun(True,vowels)
fun(False,vowels)
```

8．观察图 4–1–8 所示效果，完善函数 fun(n,m)，实现如下功能：输出 n ～ m 的所有

素数。

```
请输入最小值10
请输入最大值50
[11, 13, 17, 19, 23, 29, 31, 37, 41, 43, 47]
```

（a）

```
请输入最小值100
请输入最大值200
[101, 103, 107, 109, 113, 127, 131, 137, 139, 149, 151, 157, 163, 167, 173,
 179, 181, 191, 193, 197, 199]
```

（b）

图 4-1-8　输出 n ~ m 的所有素数

```
def fun(n,m):
    num=[];
    for i in ____________:
        for j in ____________:
            if (i%j==0):
                ____________
        else:
            ______________
    print(num)
n=int(input(" 请输入最小值 "))
m=int(input(" 请输入最大值 "))
fun()
```

9．完善函数 fun，计算下列分段函数的值，效果如图 4-1-9 所示。

$$f(x)=\begin{cases} 1/x & x\neq 0 \\ 0 & x=0 \end{cases}$$

```
请输入一个数0
0
```

（a）

```
请输入一个数5
0.2
```

（b）

图 4-1-9　分段函数

```
def fun(a):
    if ______________:
        print("0")
```

```
    elif ______________:
        ______________
a=int(input(" 请输入一个数 "))
fun(a)
```

10. 完善函数 fun，计算下列分段函数的值，效果如图 4-1-10 所示。

$$f(x)=\begin{cases} x*x+2 & x\leqslant 2 \text{ 且 } x\neq 0 \\ 2*x & x<8 \text{ 且 } x\neq 4 \\ x*x-1 & \text{其他} \end{cases}$$

```
请输入一个数3
6
```
（a）

```
请输入一个数1
3
```
（b）

图 4-1-10　分段函数

```
def fun(a):
    if ______________:
        b=a*a+2
        print(b)
    elif a<8 and a!=4:
        ______________
        print(b)
    else:
        b=a*a-1
        ______________
a=int(input(" 请输入一个数 "))
fun(a)
```

4.2　常 用 函 数

重点知识

1．数学函数需要通过 import 语句导入才能使用，字符串函数和列表函数则不需要。

2．要学会使用 dir() 函数，可以通过 dir(math) 函数来查看更多的数学函数。

3．max() 函数和 min() 函数不仅可以用于数值型数据的比较，还可以用于字符串比较。

4．在列表中插入元素，不仅可以采用 append，也可以采用 insert，但两者还是有所差别。同理，移除元素也不只有一种方法，在编程过程中，要根据实际需求选择适当的函数。

例题精选

【例 1】单选题：执行语句 min(1,6,9)–max(1,–1)，值为（　　）。

A．0　　B．6　　C．9　　D．1

【解析】

（1）min() 方法返回给定参数的最小值，参数可以为序列，所以 min(1,6,9) 运行结果为 1。

（2）max() 方法返回给定参数的最大值，参数可以为序列，所以 max(1,–1) 运行结果为 1。

【答案】A

【例 2】单选题：执行语句“list1=[[1, 2], [2, 3], [3, 2], [3, 1]]；print(max(list1))”，输出结果为（　　）。

A．[1, 2]　　B．[2, 3]　　C．[3, 2]　　D．[3, 1]

【解析】

（1）题干中，list1 是列表，其中每个元素也是列表。

（2）max() 方法返回给定参数的最大值，参数可以为序列，列表 listl 是序列。

（3）本题中，按照列表里面第一个元素的大小顺序，判断最大值。如果第一个元素相同，则比较第二个元素的大小，输出最大值。

【答案】C

【例 3】单选题：已知 list1=[12,23], 并且 id(list1) 的返回值为 1726393252040，那么执行语句 list1.append(33) 之后，表达式 id(list1)==1726393252040 的值为（　　），再次执行 list1.pop(2) 之后，表达式 id(list1)==1726393252040 的值为（　　）。

A．True False　　B．True True　　C．False False　　D．False True

【解析】

（1）id 方法的返回值就是对象的内存地址。

（2）基于内存地址来说，不可变数据类型更改后，其地址发生改变；可变数据类型更改后，其地址不发生改变。

（3）数据类型中，整型、字符串、元组是不可变类型，列表、集合、字典是可变类型，因此执行 list1.append(33) 时，内存地址不发生变化，因此第一个答案是 True。

（4）同理，执行 list1.pop(2) 后，内存地址也不发生变化，因此第二个答案也是 True。

【答案】B

【例 4】判断题：len([min(1,-100,1000)]+[max(1000,-1,100)]) 返回值为 4。（ ）

【解析】

（1）min() 方法返回给定参数的最小值，所以 min(1,-100,1000) 的运算结果是 -100，在外面加上 []，则表示这是一个列表，结果为 [-100]。

（2）max() 方法返回给定参数的最大值，所以 max(1000,-1,100) 的运算结果是 1000，在外面加上 []，则表示这是一个列表，结果为 [1000]。

（3）操作符“+”用于组合列表，[-100]+[1000] 的运算结果是 [-100，1000]。

（4）len(list) 返回列表元素个数，因此返回值为 2。

【答案】×

【例 5】填空题：执行语句 list(range(1,10,3)).pop(1) 的值为（ ）。

【解析】

（1）range() 函数可创建一个整数列表，语法格式为 range(start,stop[,step])，step 为步长，因此 range(1,10,3) 的结果为 1，4，7。

（2）pop() 函数用于移除列表中的一个元素（默认最后一个元素），并且返回该元素的值，语法格式为 list.pop([index=-1])，其中 index 为索引值。

（3）因此，本题执行过程为，首先生成列表 [1,4,7]，其次在列表中移除索引值为 1 的元素，即第二个元素，因此执行结果为 4。

【答案】4

【例 6】填空题：公式 $|x|+y^3=\sqrt{z^2+n}$ 的表达式为（ ）。

【解析】

（1）$|x|$ 表示对 x 求绝对值，在数学函数中，绝对值采用 abs() 来实现。

（2）y^3 表示求 y 的 3 次方，在数学函数中，pow(x,y) 返回 x 的 y 次方的值。

（3）返回数字的平方根，在数学函数中，一般用 sqrt 来表示。

【答案】abs(x)+pow(y,3)=math.sqrt(pow(z,2)+n)

【例 7】编程题：编写函数 fun(str1)，将输入的参数字符串，按字符降序排列。

【解析】

（1）题意中要求按字符降序排列，所以首先要做的就是先把字符串转换为字符，可以通过 list() 函数来进行处理，list() 函数会以字符串中的每个字符为分隔将字符串转换为列表。

（2）其次是可以通过 sort() 函数进行排序。

（3）最后通过 sort() 函数中的 reverse 参数，进行降序排序。

【答案】

```
def fun(str1):
    list1=list(str1)
    list1.sort(reverse=True)
    return list1
```

【例 8】编程题：编写函数 fun(strl)，实现如下功能：读入一个英文文本行，将其中每个单词的第一个字母改成大写，然后输出此文本行。这里的“单词”是指由空格隔开的字符串。

【解析】

（1）根据空格分割，将输入的文本行转换为列表。

（2）将每个列表中的文本词语再次转换为临时列表。

（3）获取临时列表中的第一个元素，并通过 upper() 函数将其转换为大写。

（4）将转换之后的值赋给临时列表中的第一个元素，并重新拼接为字符串。

（5）把首字符大写的元素通过 append() 方法添加到返回列表中，从而实现所需功能。

【答案】

根据上述分析，程序语句为：

```
def fun(str1):
    rlist=[]                      # 定义一个返回列表 rlist
    list1=str1.split(" ")         # 以空格为分隔符，将字符串转换为列表 list1
    for s in list1:               # 循环列表 list1 中的每个元素
        tmplist=list(s)           # 将每个元素转换为临时列表
        x=tmplist[0]              # 将临时列表中第一个字符赋值给 x
        y=x.upper()               # 将字符 x 转换为大写，并赋值给 y
        tmplist[0]=y              # 将 y 赋值给临时列表的第一个元素
        s="".join(tmplist)        # 通过 join 函数，将列表转换为字符串 s
        rlist.append(s)           # 将 s 添加到返回列表 rlist 中
    return rlist                  # 返回列表 rlist
```

巩固练习

一、单选题

1．执行语句 max(-1,5,3,9,1)，值为（　　）。

A．-1　　　　B．5　　　　C．9　　　　D．1

2．执行语句 min(1,6,9)−max(1,−1)，值为（　　）。

A．0　　B．6　　C．9　　D．1

3．执行语句 pow(2,2)+abs(6)，值为（　　）。

A．4　　B．2　　C．6　　D．10

4．执行语句 len("I love python")，值为（　　）。

A．10　　B．11　　C．12　　D．13

5．已知字符串 str="welcome to python", 运行 str.count("o") 后 str 的值为（　　）。

A．2　　B．3　　C．4　　D．5

6．已知字符串 str ="how beautiful flower"，运行 str.replace("beautiful", "lovely") 后 str 的值为（　　）。

A．how beautiful flower　　B．how flower

C．how lovely flower　　D．how beautiful

7．以下函数可以用来在列表末尾添加新的对象的是（　　）。

A．len()　　B．append()　　C．pop()　　D．insert()

8．要在列表 ac=[1,2,3] 中添加一个 4，应执行语句（　　）。

A．ac.append(4)　　B．append(4)　　C．ac.input(4)　　D．ac.remove(4)

9．要移除列表 ac=[1,2,3] 中值为 1 的项，应执行语句（　　）。

A．ac.append(1)　　B．ac.removed(2)　　C．ac.pop()　　D．ac.remove(1)

10．执行语句 len([i for i in range(1,5,2)])，值为（　　）。

A．1　　B．2　　C．5　　D．6

二、填空题

1．表达式 sum([1,2,3,5,8]) 的值为（　　　）。

2．表达式 round(3.4) 的值为（　　　）。

3．表达式 "Hello world".lower().upper() 的值为（　　　）。

4．表达式 "apple.peach,banana,pear".find("ppp") 的值为（　　　）。

5．表达式 "abcdefg".split("d") 的值为（　　　）。

6．表达式 ":".join("abcdefg".split("cd")) 的值为（　　　）。

7．表达式 sum(range(1,10,2)) 的值为（　　　）。

8．表达式 list(str([1,2,3]))==[1,2,3] 的值为（　　　）。

9．表达式 abs(3+4j) 的值为（　　　）。

10．已知 x=[3, 7, 5]，那么执行语句 x.sort(reverse=True) 之后，x 的值为（　　　）。

三、编程题

1．找出 1 ~ 100 的素数 ,并返回素数个数，效果如图 4 −2−1 所示。

```
素数个数25
[2, 3, 5, 7, 11, 13, 17, 19, 23, 29, 31, 37, 41, 43, 47, 53, 59, 61, 67, 71, 73, 79, 83, 89, 97]
```

图 4-2-1　1 ~ 100 的素数

2．已知 20 个数的列表，将前 10 个元素按升序排列，后 10 个元素按降序排列，效果如图 4-2-2 所示。

```
列表为[1,3,4,5,2,3,4,5,6,6,8,8,5,7,8,9,6,4,5,8]
排序后结果[1, 2, 3, 3, 4, 4, 5, 5, 6, 6, 9, 8, 8, 8, 8, 7, 6, 5, 5, 4]
```

图 4-2-2　素数排序

3．有 n 个乒乓球运动员打淘汰赛，完善下列函数 fun，计算至少需要多少场比赛才能决出冠军（采用递归算法），效果如图 4-2-3 所示。

```
请输入比赛人数25
总比赛场数： 12
剩余人数： 13
总比赛场数： 18
剩余人数： 7
总比赛场数： 21
剩余人数： 4
总比赛场数： 23
剩余人数： 2
总比赛场数： 24
剩余人数： 1
至少需要24场比赛
```

图 4-2-3　乒乓球比赛

```
def fun(n,s=0):
    ____________
    print("总比赛场数：",s)
    ____________
    print("剩余人数：",n)
    if n>1:
        ____________
    else:
        ____________
a=int(input("请输入比赛人数"))
print ("至少需要"+str (fun (a)) +"场比赛")
```

4．用户输入不带千分位逗号的数字字符串，然后输出带千分位逗号的数字字符串，效果如图 4-2-4 所示。

5．完善函数 fun，实现如下功能：判断输入的数字是否在 4 至 12 之间，如果不是，则返回错误提示。如果是，则在该字符前进行补零操作，效果如图 4-2-5 所示。

```
输入数字546789645
546,789,645
```

图 4-2-4 数字字符串

```
请输入4~12的数字5
00000005
请输入4~12的数字1
错误,请输入4~12的数字
```

图 4-2-5 补零功能

```
def fun(a):
    if a<=12 and a>=4:
        ______________
        print(a)
    else:
        ______________
s=0
while s<1:
    a=______________
    fun(a)
```

6．完善函数 fun，实现如下功能：禁词过滤。例如，输入一段文字，当文字中含有非法词语的时候，则将该非法词语替换为“**”。统计替换次数，并记录禁词到列表中，效果如图 4-2-6 所示。

```
屏蔽词为你好，我是。请输入一段话你好啊我是你
屏蔽非法词语后句子是：**啊**你
非法词语替换次数为：2
非法词语有['你好', '我是']
屏蔽词为你好，我是。请输入一段话你真的是厉害
未发现非法词语
```

图 4-2-6 禁词过滤

```
def fun(text):
    li=[" 你好 "," 我是 "]
    i=0
    ______________
    lie=[]
    while ______________:
        if ______________:
```

```
            num=num+text.count(li[i])
            ______________
            text=li1
            ______________
        i=i+1
    if num==0:
        print("未发现非法词语")
    else:
        print("屏蔽非法词语后句子是：" + str(text))
        print("非法词语替换次数为：" + str(num))
        print("非法词语有"+str(lie))
s=0
while s<1:
    a=input("屏蔽词为你好，我是。请输入一段话")
    fun(a)
```

7．观察图 4-2-7 所示效果，完善函数 fun，实现如下功能：用户输入月份，判断这个月是哪个季节，3—5 月为春季，6—8 月为夏季，9—11 月为秋季，12 月、1 月、2 月为冬季。

```
输入月份5
春季
输入月份1
冬季
```

图 4-2-7　月份判断

```
def fun(a):
    if ______________:
        print("春季")
    elif ______________:
        print("夏季")
    elif ______________:
        print("秋季")
    elif ______________:
        print("冬季")
s=0
```

```
while s<1:
    a=int(input(" 输入月份 "))
    fun(a)
```

8．完善函数 fun，实现如下功能：输入 20 个数字，求最大值、最小值、平均值，效果如图 4-2-8 所示。

```
请输入第1个数字5
请输入第2个数字6
请输入第3个数字7
请输入第4个数字8
请输入第5个数字9
请输入第6个数字6
请输入第7个数字5
请输入第8个数字4
请输入第9个数字1
请输入第10个数字2
请输入第11个数字3
请输入第12个数字5
请输入第13个数字4
请输入第14个数字6
请输入第15个数字7
请输入第16个数字8
请输入第17个数字9
请输入第18个数字6
请输入第19个数字5
请输入第20个数字4
最大值9
最小值1
平均值5.5
```

图 4-2-8　求取最值和平均值

```
def fun(a):
def fun(a):
    sum1=0
    for i in a:
        ______________
    print(" 最大值 ",max(a))
    print(" 最小值 ",______________)
    print(" 平均值 ",______________)
a=[]
for i in range(1,______________):
    b=______________
```

```
    a.append(b)
________________
```

9．学校里开展活动，设置了多个报名点。有些学生不清楚哪里报名，于是在很多报名点都进行了报名，结果导致了重复报名。完善以下函数代码，实现对报名列表的去重功能。例如，列表 1=[12,23,32,12,23,34,45], 去重后为 [12,23,32,34,45]，效果如图 4-2-9 所示。

```
原列表为[1, 2, 3, 4, 5, 6, 6, 5, 4, 3, 2, 1]
修改后列表为[1, 2, 3, 4, 5, 6]
```

图 4-2-9　活动报名

```
a=[1,2,3,4,5,6,6,5,4,3,2,1]
b=[]
for ________________:
    if ________________:
        ________________
print("原列表为"+str(a))
print("修改后列表为"+str(b))
```

10．完善函数 fun，实现如下功能：输入两个双精度数，返回它们的平方根值，效果如图 4-2-10 所示。

```
请输入一个双精度数6.3
请输入一个双精度数7.8
10.026464980241043
```

图 4-2-10　数值计算

```
def fun(a,b):
    f=________________
    print(f)
s=0
while s<1:
    a=________________
    b=________________
    fun(a,b)
```

4.3 Python 中的模块

重点知识

1．模块是同一类型函数的集合，重点在于同一类型。

2．模块不是必需的，但在编写一个较大的项目时，可以考虑使用模块。

3．Python 的一大特点是拥有强大的功能库，所以在需要某一个功能时，记得先看一下标准库。不是所有的功能都需要一行一行代码写出来，要学会活用资源。

4．正则表达式标准库相对来说比较难理解，但掌握后将是一大利器。

例题精选

【例 1】单选题：以下模块用于处理与 Python 解释器相关操作的是（　　）。

A．os 模块　　B．sys 模块　　C．re 模块　　D．turtle 模块

【解析】

（1）os 模块提供函数用于处理文件和目录相关的操作。

（2）sys 模块提供函数用于处理与 Python 解释器相关的操作。

（3）re 模块提供函数用于处理正则表达式相关的操作。

（4）turtle 模块提供函数用于处理绘制图形相关的操作。

【答案】B

【例 2】单选题：阅读以下代码，该代码绘制的图形是（　　）。

```
import turtle
for x in range(30):
    turtle.forward(40)
    turtle.right(12)
turtle.done()
```

A．圆形　　B．正多边形　　C．正方形　　D．多边透视图

【解析】

（1）turtle 绘制圆形的代码是 turtle.circle(radius), 其中 radius 表示半径。

（2）turtle.forward(40) 表示向前绘制 40，turtle.Right(12) 表示向右旋转 12°。

（3）for 循环运行 30 次，30 乘以 12 等于 360，所以该代码绘制的是边长为 40 的正 30

边形。

【答案】B

【例 3】单选题：在 os 模块中，表示判断目录是否存在的语句是（　　）。

A．os.isdir(name)　　B．os.path.isdir(name)

C．os.path.isfile(name)　　D．os.path.exists(name)

【解析】

（1）os.path.isdir(name) 用来判断 name 是不是目录，如果不是则返回 False。

（2）os.path.isfile(name) 用来判断 name 是不是文件，如果不是则返回 False。

（3）os.path.exists(name) 用来判断文件或目录是否存在。

（4）本题考核对 os 模块中操作方法的熟悉程度。

【答案】D

【例 4】单选题：在下列导入 random 库的方法中，错误的是（　　）。

A．import random as r　　B．form random import *

C．import random　　D．import random form as r

【解析】

导入模块有以下两种格式。

（1）部分导入：form 模块名 import 函数名 [as 别名 1]。

（2）全部导入：import 模块名 [as 别名 1]。

因此，ABC 均正确，选项 D 把两者的写法混在了一起，不符合语法规范，所以选 D。

【答案】D

【例 5】填空题：在一个文件夹中，有 mod.py 和 main.py 两个文件，mod.py 代码如下：

```
def fun(n):
    s=0
    for i in range(1,n):
        if i % 2==0:
            s=s+i
    return s
```

main.py 代码如下：

```
import mod
n=int(input("请输入一个数字:"))
print(mod.fun(n))
```

运行 main.py 文件，输入 23，则输出的结果为（　　　　）。

【解析】

本题考查的是导入模块的语法知识。

在 mod.py 文件中定义了一个函数 fun，其功能是对输入的参数进行偶数位相加。main.py 文件的第一行代码引用了 mod 模块，并在主代码中使用了 mod 模块中的函数 fun()。运行程序，输入 23，传递给 mod 模块中的 fun 函数，经计算，结果为 132。

【答案】132

【例 6】填空题：利用 random 模块，生成从 1 ～ 100 的随机奇数的代码是____________。

【解析】

本题考查的是 random 模块中 randrange 方法的用法。

randrange() 方法返回指定递增基数集合中的一个随机数，基数默认值为 1。其语法格式为 random.randrange([start,]stop[,step])，start 表示起始值，stop 表示终值，step 表示步长。例如，randrange(100,1000,2)，表示输出 100 ～ 1000 的随机偶数，因此本题答案是 random.randrange(1,100,2)。

【答案】random.randrange(1,100,2)

【例 7】编程题：编写程序，绘制如图 4-3-1 所示图形。

【解析】

本题考查的是 turtle模块。

图 4-3-1　禁止直行

可以将该图形按如下步骤进行绘制，先绘制外圈，再绘制内圈，继而绘制直线，最后绘制箭头，如图 4-3-2 所示。

图 4-3-2　绘制过程

流程图如图 4-3-3 所示。

图 4-3-3　绘制图形程序流程图

【答案】

```
import turtle as t
# 外圈
t.penup()
t.goto(0,-300)
t.pendown()
t.color("red")
t.begin_fill()
t.circle(300)
t.end_fill()

# 内圈
t.penup()
t.goto(0,-250)
t.pendown()
t.seth(0)
t.color("white")
t.begin_fill()
t.circle(250)
t.end_fill()

# 杠
t.penup()
t.goto(180,-180)
t.pendown()
t.color("red")
t.pensize(60)
```

```
t.seth(135)
t.forward(500)

# 箭头
t.penup()
t.goto(-25,-150)
t.pendown()
t.color("black")
t.seth(0)
t.begin_fill()
t.forward(50)
t.left(90)
t.forward(250)
t.right(135)
t.forward(80)
t.left(135)
t.forward(50)
t.left(45)
t.forward(130)
t.left(90)
t.forward(130)
t.left(45)
t.forward(50)
t.left(135)
t.forward(80)
t.right(135)
t.forward(250)
t.left(90)
t.forward(25)
t.end_fill()
t.done()
```

【例 8】编程题：编写自定义模块 mod.py。建立两个函数 fun1、fun2，函数 fun1 根据输入的参数 m，生成 m 个 1 ~ 100 的随机整数；函数 fun2 根据输入的不定长参数，从大到小进行排序。新建 main.py，引入模块 mod，并调用 fun1 和 fun2 函数。

【解析】

（1）本题考核自定义模块的定义与引用。

（2）函数 fun1 的功能是生成随机整数，此处考核 random 模块 randint 方法。

（3）函数 fun2 的功能是对输入的列表进行排序，此处考核列表的 sort 方法。

【答案】

Mod.py 代码：

```
import random
def fun1(n):
    list1=[]
    for i in range(1,n):
        x=random.randint(1,100)
        list1.append(x)
```

```
    return list1
def fun2(xlist):
    xlist.sort(reverse=True)
    return(xlist)
```

main.py 代码：

```
import mod
xlist=mod. fun2(mod.fun1(20))
print(xlist)
```

巩固练习

一、单选题

1．turtle 模块中，turtle.begin_fill() 表示的意思是（　　）。

A．开始填充颜色　　B．填充黑色　　C．填充白色　　D．结束填充颜色

2．以下选项表示设置画笔宽度操作的是（　　）。

A．penup　　B．pendown　　C．pensize　　D．pencolor

3. 表达式 random.sample(range(5),5) 的值不可能为（　　）。

A．[0,1,2,3,4]　　B．[1,2,4,0,3]　　C．[1,2,3,5,0]　　D．[4,3,2,0,1]

4．假设 random 模块已导入，以下表达式结果不可能为 10 的是（　　）。

A．random.choice(range(10))　　B．random.randint(1,10)

C．random.choice([1, 10])　　D．random.choice([1,10,100])

5．运行 random.randrange(10, 30, 2) 的结果可能是（　　）。

A．12　　B．13　　C．15　　D．23

6．运行 random.choice("I love python!") 的结果可能是（　　）。

A．I　　B．love　　C．python　　D．python!

7．假设 random 模块已导入，lst=[1,2,3,4,5]，运行 random.sample(lst,4) 之后，print(lst) 的结果为（　　）。

A．[1,2,3,4]　　B．[2,3,4,5]　　C．[1,2,3,4,5]　　D．[5,4,3,2,1]

8．假设 re 模块已导入，运行 re.match("hello", "helloworld").span() 的结果为（　　）。

A．(0,3)　　B．(1,4)　　C．(0,5)　　D．(1,5)

9．假设 re 模块已导入，运行 re.search("o", "I love python").span() 的结果为（　　）。

A．(3,4)　　B．(2,4)　　C．(3,5)　　D．(4,5)

10．以下表示创建目录的命令是（　　）。

A．rmdir　　B．mkdir　　C．mddir　　D.rkdir

二、填空题

1．Python 标准库 random 中（　　　）方法的作用是从序列中随机选择 1 个元素。

2．random 模块中（　　　）方法的作用是将列表中的元素随机排序。

3．Python 标准库 os 中用来列出指定文件夹中的文件和子文件夹列表的方式是（　　　）。

4．Python 标准库 os.path 中用来分隔文件名和扩展名的方法是（　　　）。

5．Python 标准库 os.path 中用来判断指定路径是否为文件的方法是（　　　）。

6．正则表达式模块 re 的（　　　）方法用来编译正则表达式对象。

7．正则表达式模块 re 的（　　　）方法用来在整个字符串中进行指定模式的匹配。

8．假设有 Python 程序文件 mod.py，其中只有一条语句 print(__name__)，那么直接运行该程序时得到的结果为（　　　）。

9．已知 seq 为大于 10 的列表，并且已导入 random 模块，那么 [random.choice(seq) for i in range(10)]（　　　）（等于或不等于）random.sample(seq,10)。

10．假设正则表达式模块 re 已正确导入，那么表达式 "".join(re.findall("\d+", "abcd1234")) 的值为（　　　）。

三、编程题

1．完善以下程序代码，实现如下功能：接收用户从键盘输入的一个英文名，然后判断该文件是否存在于当前目录。若存在，则输出以下信息：文件的大小，文件是普通文件还是目录。若不存在，返回提示信息，如图 4-3-4 所示。

```
请输入文件的全名：4.3.1.py
该文件存在于当前目录下
------下面是文件信息------
文件的大小是： 506
4.3.1.py 是一个文件
请输入文件的全名：12
该文件存在于当前目录下
------下面是文件信息------
文件的大小是： 0
12 是一个目录
请输入文件的全名：ae
该文件不存在！
```

图 4-3-4　文件信息判断

```
import os,os.path
s=0
while s <1:
    filename=input("请输入文件的全名：")
```

```
if ______________:
    print("该文件存在于当前目录下")
    print("-----下面是文件信息-----")
    print("文件的大小是:",______________)
    if ______________:
        print(filename,"是一个文件")
    else:
        ______________
else:
    ______________
```

2．完善以下程序代码，实现如下功能：在当前目录下查找文件名包含指定字符串的文件，并打印出绝对路径，如图 4-3-5 所示。

```
请输入文件名4.3
文件路径是C:\Users\User\Desktop\4.3\代码\4.3.1.py
文件路径是C:\Users\User\Desktop\4.3\代码\4.3.2.py
请输入文件名5
未找到文件
```

图 4-3-5　文件查找

```
import os
s=0
while s<1:
    wjm=[]
    lujin=______________
    for ______________:
        ______________
    a=input("请输入文件名")
    for i in wjm:
        if ______________:
            print("文件路径是"+lujin +"\\"+i)
        else:
            print("未找到文件")
            break
```

3．完善以下程序代码，实现如下功能，利用 string 模块和 random 模块，实现随机生成 4 位验证码，如图 4-3-6 所示。

```
请输入你想要几个验证码3
hEcm
qPMA
mDjn
```

图 4-3-6　生成验证码

```
import random
import ______________
def fun(len=4):
    li=______________
    return ______________
b=0
while b<1:
    s=0
    a=int(input("请输入你想要几个验证码"))
    while s<a:
        print(fun(4))
        s=s+1
```

4．完善以下程序代码，实现如下功能，绘制四叶草图形，如图 4-3-7 所示。

图 4-3-7　四叶草

```
import turtle
import time
turtle.pensize(10)
______________
#四叶草
```

```
# 参数 radius 控制叶子的大小，rotate 控制叶子的旋转
def draw_clover(radius, rotate):
    for i in range(4):
        ______________
        turtle.seth(60 + direction + rotate)    # 控制叶子根部的角度为 60°
        ______________
        for j in range(2):
            turtle.seth(90+direction+rotate)
            ______________
        turtle.seth(-60+direction+rotate)
        turtle.fd(4*radius)
    ______________
    ______________
draw_clover(30,45)
time.sleep(5)
```

5．完善以下程序代码，实现如下功能，绘制奥运五环，如图 4-3-8 所示。

图 4-3-8　奥运五环

```
import turtle # 导入 turtle
turtle.pensize(3) # 设置画笔大小
list1=[
    ______________,
    [60,0,'black',30],
    ______________,
    ______________,
    [30,-30,'yellow',30]
```

```
]
for i in list1:
    ______________
    ______________          # 落笔
    turtle.pencolor(i[2])   # 设置画笔颜色
    ______________          # 设置圆的半径和角度
    turtle.penup()          # 提笔
turtle.done()
```

6. 禁止弯道超车图形如图 4-3-9 所示，请利用函数，优化以下代码。

图 4-3-9　禁止弯道超车

```
import turtle             # 导入 turtle
t=turtle.Turtle()         # 定义自变量
t.hideturtle()            # 隐藏画笔

t.speed(10)               # 画笔的速度
t.seth(135)               # 画笔开始的朝向
l=[
    [205,225,8,"#DA251C",300],
    [202,222,3,"#FFFFFF",295],
    [196,216,8,"#DA251C",285],
    [157,177,8,"#FFFFFF",230],
]
for i in l:
    t.penup()             # 提笔
    t.goto(i[0],i[1])     # 定位
    t.pendown()           # 落笔
    t.pensize(i[2])       # 画笔的粗细
    t.color(i[3])         # 颜色
    t.begin_fill()        # 开始填充
    t.circle(i[4])        # 画圆
    t.end_fill()          # 结束填充

t.penup()                 # 提笔
t.goto(-30,-180)          # 定位
t.pendown()               # 落笔
t.seth(90)                # 画笔开始的朝向
t.color("#000000")        # 颜色
t.begin_fill()            # 开始填充
t.left(55)
t.forward(120)
```

```
t.right(55)
t.forward(120)
t.right(55)
t.forward(150)
t.left(55)
t.forward(60)
t.left(135)
t.forward(85)
t.right(135)
t.forward(40)
t.right(45)
t.forward(110)
t.right(90)
t.forward(110)
t.right(45)
t.forward(40)
t.right(135)
t.forward(85)
t.left(135)
t.forward(80)
t.right(55)
t.forward(145)
t.left(55)
t.forward(90)
t.left(55)
t.forward(73)
t.right(55)
t.forward(40)
t.end_fill()              #结束填充

t.penup()                 #提笔
t.goto(-10,-130)          #定位
t.pendown()               #落笔
t.seth(90)                #画笔开始的朝向
t.color("#000000")        #颜色
t.begin_fill()            #开始填充
t.forward(80)
t.left(135)
t.forward(55)
t.right(135)
t.forward(40)
t.right(45)
t.forward(80)
t.right(90)
t.forward(80)
t.right(45)
t.forward(40)
t.right(135)
t.forward(55)
t.left(135)
t.forward(80)
t.right(90)
t.forward(35)
t.end_fill()              #结束填充

#红斜杠
t.penup()                 #提笔
t.goto(-175,175)          #定位
t.pendown()               #落笔
t.seth(0)                 #画笔开始的朝向
t.color("#DA251C")        #颜色
t.begin_fill()            #开始填充
t.right(45)               #画笔左转135°
for i in range(2):
```

```
    t.forward(470)
    t.left(90)
    t.forward(40)
    t.left(90)
t.end_fill()             # 结束填充

turtle.done()            # 停止画笔绘制
```

7. 禁止车辆行驶图形如图 4-3-10 所示，请利用函数，优化以下代码。

图 4-3-10　禁止车辆行驶

```
import turtle            # 导入 turtle
t=turtle.Turtle()        # 定义自变量
t.hideturtle()           # 隐藏画笔

t.speed(10)              # 画笔的速度
t.seth(135)              # 画笔开始的朝向
l=[
    [205,225,8,"#DA251C",300],
    [202,222,3,"#FFFFFF",295],
    [196,216,8,"#DA251C",285],
    [157,177,8,"#FFFFFF",230],
]
for i in l:
    t.penup()            # 抬笔
    t.goto(i[0],i[1])    # 定位
    t.pendown()          # 落笔
    t.pensize(i[2])      # 画笔的粗细
    t.color(i[3])        # 颜色
    t.begin_fill()       # 开始填充
    t.circle(i[4])       # 画一个圆
    t.end_fill()         # 结束填充

# 车轮
t.penup()                # 抬笔
t.goto(-55,-55)          # 定位
t.pendown()              # 落笔
t.seth(90)               # 画笔开始的朝向
t.pensize(8)
t.color("#000000")       # 颜色
t.circle(25)

t.penup()                # 抬笔
t.goto(140,-40)          # 定位
t.pendown()              # 落笔
t.seth(90)               # 画笔开始的朝向
t.color("#000000")       # 颜色
t.circle(40)
```

```
# 车身
t.penup()          # 抬笔
t.goto(35,-45)     # 定位
t.pendown()        # 落笔
t.seth(90)         # 画笔开始的朝向
t.pensize(4)
t.color("#000000") # 颜色
t.begin_fill()     # 开始填充
t.left(90)
t.forward(75)
t.right(60)
t.circle(60,70)
t.right(100)
t.forward(30)
t.left(90)
t.forward(25)
t.right(90)
t.forward(15)
t.right(90)
t.forward(25)
t.left(90)
t.forward(30)
t.right(90)
t.forward(30)
t.left(90)
t.forward(60)
t.right(90)
t.forward(10)
t.right(90)
t.forward(60)
t.left(90)
t.forward(50)
t.left(70)
t.forward(70)
t.right(70)
t.forward(90)
t.right(90)
t.forward(90)
t.left(95)
t.circle(-60,70)
t.right(70)
t.forward(10)
t.right(90)
t.circle(70,125)
t.end_fill()       # 结束填充

# 窗
t.penup()          # 抬笔
t.goto(80,60)      # 定位
t.pendown()        # 落笔
t.seth(90)         # 画笔开始的朝向
t.pensize(4)
t.color("#FFFFFF") # 颜色
t.begin_fill()     # 开始填充
t.forward(50)
t.left(90)
t.forward(50)
t.left(70)
t.forward(54)
t.left(110)
t.forward(67)
t.end_fill()       # 结束填充

# 红斜杠
```

```
t.penup()            # 抬笔
t.goto(-175,175)     # 定位
t.pendown()          # 落笔
t.seth(0)            # 画笔开始的朝向
t.color("#DA251C")   # 颜色
t.begin_fill()       # 开始填充
t.right(45)          # 画笔左转 135°
for i in range(2):
        t.forward(470)
        t.left(90)
        t.forward(40)
        t.left(90)
    t.end_fill()         # 结束填充

    turtle.done()        # 停止画笔绘制
```

8．完善以下程序代码，实现如下功能：利用 os 模块和 time 模块，每隔 2 s，在当前目录下创建一个以当前时间命名的文件夹，效果如图 4-3-11 所示。

```
import time
import os
while True:
    ______________
    a=time.strftime(______________)
    m=______________
    print(" 创建文件名为 "+m)
    ______________
```

9．利用 random 模块，编写函数，实现“$\sqrt{a^2+b^2}$=”自动命题功能，a、b 为 1 ～ 10 的随机整数，效果如图 4-3-12 所示。

10．编写自定义模块 mod.py，建立两个函数 fun1、fun2，函数 fun1 用于判断是否是素数，函数 fun2 用于判断是否是玫瑰花数，效果如图 4-3-13 所示。

```
创建文件名为13-22-05
创建文件名为13-22-07
创建文件名为13-22-09
```

图 4-3-11　自动创建文件夹

```
请输入题目数量6
√7*7+7*7=
√8*8+1*1=
√6*6+5*5=
√2*2+1*1=
√0*0+9*9=
√5*5+2*2=
```

图 4-3-12　自动命题

```
素数判断,请输入一个数6
6 不是素数
2 乘于 3 是 6
玫瑰花数判断,请输入一个四位数4567
不是玫瑰花数
```

图 4-3-13　特殊数判断

上 机 实 训

实训一

图 4-4-1　行人斑马线

任务描述

利用 turtle 模块，绘制行人斑马线图形，如图 4-4-1 所示。

解题策略

1．将该图形分解为蓝色背景、白色外框线条、白色背景三角形、黑色斑马线和黑色人物。

2．在绘制每个图形前，记得设置画笔的粗细，设置填充的颜色，每个点的坐标等。

3．可以尝试以小组合作的方式来绘制此图。

4．整体图形绘制程序流程图如图 4-4-2 所示。

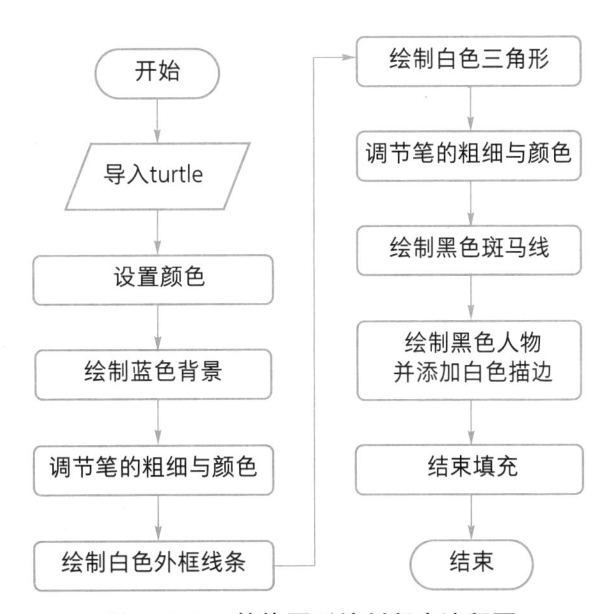

图 4-4-2　整体图形绘制程序流程图

5．斑马线图形绘制程序流程图如图 4-4-3所示。

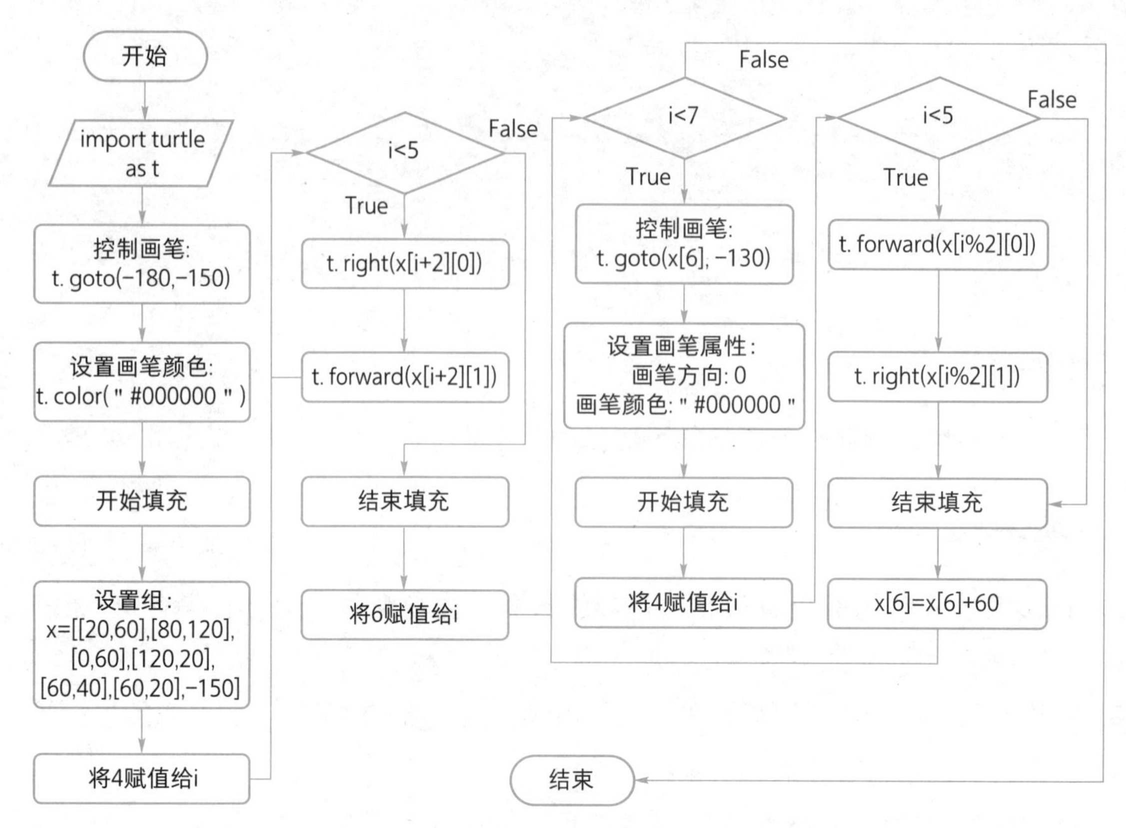

图 4-4-3　斑马线图形绘制程序流程图

6．绘制代码如下所示。

```
import turtle as t
t.hideturtle()
t.pensize(5)
t.speed(10)
# 外圈蓝圈
t.penup()
t.goto(-275,275)
t.pendown()
t.color("#005CA1")
t.begin_fill()
for i in range(4):
    t.forward(550)
    t.right(90)
t.end_fill()
# 外圈白圈
t.penup()
t.goto(-250,260)
t.pendown()
t.color("#FFFFFF")
for i in range(4):
    t.forward(500)
    t.right(40)
    t.circle(-100, 10)
    t.right(40)
# 三角形
t.penup()
t.goto(0,180)
t.pendown()
t.seth(-60)
t.color("#FFFFFF")
```

```
t.begin_fill()
for i in range(3):
    t.forward(450)
    t.right(120)
t.end_fill()
#第一条斑马线
t.penup()
t.goto(-180,-150)
t.pendown()
t.color("#000000")
t.begin_fill()
x=[[20,60],[80,120],[0,60],
[120,20],[60,40],[60,20],-150]
for i in range(4):
    t.right(x[i+2][0])
    t.forward(x[i+2][1])
t.end_fill()
#后面的斑马线
for i in range(6):
    t.penup()
    t.goto(x[6], -130)
    t.pendown()
    t.seth(0)
    t.color("#000000")
    t.begin_fill()
    for i in range(4):
        t.forward(x[i%2][0])
        t.right(x[i%2][1])
    t.end_fill()
    x[6]=x[6]+60
#头
t.penup()
t.goto(0,30)
t.pendown()
t.color("#000000")
t.begin_fill()
t.circle(20)
t.end_fill()
#身体
t.penup()
t.goto(-15,15)
t.pendown()
t.color("#F3F3F3","#000000")
t.begin_fill()
a=[[25,-40,50,0],[-35,0,0,60],
[-90,0,0,30],[-90,-10,180,15],
[145,0,0,30],[270,0,0,100],
[-60,10,0,50],[-60,-10,177,60],
[90,0,0,50],[225,0,0,60],[-90,
0,0,50],[-90,-10,180,55],
[46,0,0,50],[90,0,0,40],
[225,0,0,40],[195,0,0,30],
[195,-10,180,25],[48,0,0,75]]
for i in range(18):
    t.seth(a[i][0])
    t.circle(a[i][1],a[i][2])
    t.forward(a[i][3])
t.end_fill()
t.done() #结束暂停
```

疑难解释

疑难解释见表 4-4-1。

表 4-4-1　实训一疑难解释

序号	疑惑与困难	释　疑
1	绘制该类图形无从下手	可以先尝试分解图形
2	绘制不规则图形（比如人物身体），不知道哪里可以作为起点	都可以作为起点，绘制这类图形需要熟悉坐标点
3	如何去寻找类似的图形来进行练习	大街上的交通标志、网站logo、企业标志等

实训二

任务描述

编写程序，实现随机生成数字并统计各数字的出现次数。具体功能如下：在 10 s 时间内，每隔 1 s，随机生成 4 个 1 ~ 20 互不相同的整数并显示。10 s 时间结束，对产生结果排序，并汇总统计每个数字出现的次数。运行结果如图 4-4-4 所示。

```
[9, 2, 10, 3]
[9, 2, 10, 3]
[3, 18, 16, 11]
[9, 2, 10, 3, 3, 18, 16, 11]
[18, 10, 11, 19]
[9, 2, 10, 3, 3, 18, 16, 11, 18, 10, 11, 19]
[3, 14, 5, 20]
[9, 2, 10, 3, 3, 18, 16, 11, 18, 10, 11, 19, 3, 14, 5, 20]
[2, 8, 3, 5]
[9, 2, 10, 3, 3, 18, 16, 11, 18, 10, 11, 19, 3, 14, 5, 20, 2, 8, 3, 5]
[3, 17, 13, 6]
[9, 2, 10, 3, 3, 18, 16, 11, 18, 10, 11, 19, 3, 14, 5, 20, 2, 8, 3, 5, 3, 17, 13, 6]
[14, 11, 7, 3]
[9, 2, 10, 3, 3, 18, 16, 11, 18, 10, 11, 19, 3, 14, 5, 20, 2, 8, 3, 5, 3, 17, 13, 6, 14, 11, 7, 3]
[11, 5, 1, 16]
[9, 2, 10, 3, 3, 18, 16, 11, 18, 10, 11, 19, 3, 14, 5, 20, 2, 8, 3, 5, 3, 17, 13, 6, 14, 11, 7, 3, 11, 5, 1, 16]
[19, 3, 15, 13]
[9, 2, 10, 3, 3, 18, 16, 11, 18, 10, 11, 19, 3, 14, 5, 20, 2, 8, 3, 5, 3, 17, 13, 6, 14, 11, 7, 3, 11, 5, 1, 16, 19, 3, 15, 13]
[1, 2, 2, 3, 3, 3, 3, 3, 3, 3, 5, 5, 5, 6, 7, 8, 9, 10, 10, 11, 11, 11, 11, 13, 13, 14, 14, 15, 16, 16, 17, 18, 18, 19, 19, 20]
1出现是次数为1
2出现是次数为2
3出现是次数为7
5出现是次数为3
6出现是次数为1
7出现是次数为1
8出现是次数为1
9出现是次数为1
10出现是次数为2
11出现是次数为4
13出现是次数为2
14出现是次数为2
15出现是次数为1
16出现是次数为2
17出现是次数为1
18出现是次数为2
19出现是次数为2
20出现是次数为1
```

图 4-4-4　随机生成数字并统计各数字的出现次数运行结果

解题策略

1．本题涉及的模块有 time 模块、random 模块。

2．使用 while 循环语句、randint 函数及 not 运算符，实现产生互不相同的随机数。

3．通过操作符“+”，实现列表的组合相加。

4．通过临时列表变量 tmp，实现对列表中元素出现次数的统计。

5．流程图如图 4-4-5 所示。

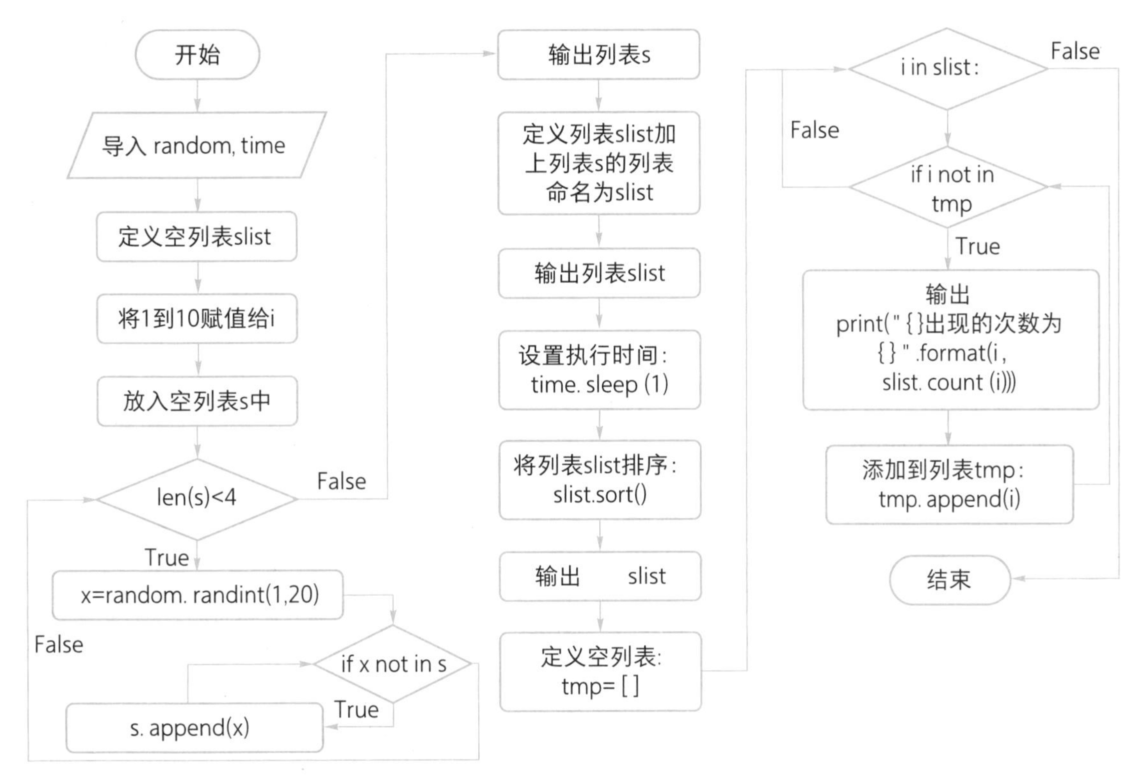

图 4-4-5　随机生成数字并统计各数字的出现次数程序流程图

6．代码如图 4-4-6 所示。

实训二.py

```
1  import random
2  import time
3  slist=[]
4  for i in range(1,10):
5      s=[]
6      while(len(s)<4):
7          x=random.randint(1,20)
8          if x not in s:
9              s.append(x)
10     print(s)
11     slist=slist+s
12     print(slist)
13     time.sleep(1)
14 slist.sort()
15 print(slist)
16 tmp=[]
17 for i in slist:
18     if i not in tmp:
19         print("{}出现的次数为{}".format(i,slist.count(i)))
20         tmp.append(i)
```

图 4-4-6　随机生成数字并统计各数字的出现次数程序代码

疑难解释见表 4–4–2。

表 4–4–2 实训二疑难解释

序号	疑惑与困难	释疑
1	如何生成互不相同的随机数	把每个生成的数字与前面生成的数字相比较，如不存在，则添加进去；反之，则不添加
2	为什么要采用tmp列表	在编程中，经常会用到tmp临时变量，主要是用来做标记，判断是否已存在，是否是True或False，在判断一个数是否为素数的代码中也会遇到

单 元 习 题

一、判断题

1．函数是指通过专门的代码组织，用来实现通用功能的代码段。（　　）

2．函数可以供其他代码进行重复调用，但有次数限制。（　　）

3．函数可以有返回值，也可以没有返回值，当没有返回值的时候，只需要写一个 return 就可以。（　　）

4．当传递的参数数据类型为列表时，函数对该变量的操作会影响该变量本身的值。（　　）

5．变量的作用域由变量的定义位置决定，在不同位置定义的变量，它的作用域是不一样的。（　　）

6．如果全局变量是列表类型，可以通过列表方法对列表进行修改，并且可以不用 global 来声明。（　　）

7．语句 pass 仅起到占位符的作用，并不会做任何操作。（　　）

8．定义函数时，带有默认值的参数必须出现在参数列表的最右端，任何一个带有默认值的参数右边不允许出现没有默认值的参数。（　　）

9．round(3.1415926) 的返回值为 3.14。（　　）

10．假设 random 模块已导入，那么表达式 random.sample(range(10),7) 的作用是生成 7 个不重复的整数。（　　）

二、填空题

1．已知列表对象 x=["11", "2", "13"]，则表达式 max(x,key=len) 的值为（　　　　）。

2．表达式 list(str([1,2,3]))==[1,2,3] 的值为（　　　　）。

3．表达式 sum(range(1,10,2)) 的值为（　　　　）。

4．表达式 [1, 2, 3]*3 的执行结果为（　　　　）。

5．表达式 [3] in [1, 2, 3, 4] 的值为（　　　　）。

6．表达式 round(3.7)+abs(−4)+round(math.sqrt(12),2) 的值为（　　　　）。

7．已知列表 x=[1,1,1]，那么表达式 id(x[0])==id(x[2]) 的值为（　　　　）。

8．已知列表 x=[1,2,3]，那么执行语句 x.insert(1,4) 之后，x 的值为（　　　　）。

9．已知列表 x=[12,23]，那么连续执行语句 y=x 和 y.append(34) 之后，x 的值为（　　　　）。

10．已知列表 x=[9.3,8.7,9.0,8.2,9.9]，那么表达式 sum(x)/len(x) 的值为（　　　　）。

三、单选题

1．表达式 int("11",8) 的值为（　　）。

A．2　　B．8　　C．9　　D．11

2．已知 x=[3,2,4,1]，那么执行语句 x=x.sort() 后，x 的值为（　　）。

A．[1,2,3,4]　　B．[4,3,2,1]　　C．[1,4,3,2]　　D．None

3．已知 x=list(range(6))，那么执行语句 x[:4]=[] 后，列表 x 的值为（　　）。

A．[1,2,3,4]　　B．[0,1,2,3,4]　　C．[4,5]　　D．[4,5,6]

4．执行语句 list(range(1, 10, 4)).insert(2,2) 的结果为（　　）。

A．[1,5,9]　　B．[1,5,2,9]　　C．[1,2,5,9]　　D．None

5．执行语句 pow(4,2)+abs(−3)+3**3 的结果为（　　）。

A．28　　B．46　　C．22　　D．40

6．在 turtle 模块中，获取当前画笔坐标的选项是（　　）。

A．setup　　B．fd　　C．speed　　D．pos

7．已知 s="abc123abc"，并且 re 模块已导入，则表达式 re.search("[a−z]+",s).span() 的值为（　　）。

A．(0,3)　　B．(a,c)　　C．(1,3)　　D．(a,b,c)

8．已知 s="abc123abc"，并且 re 模块已导入，则表达式 re.sub("[a−z]+", "xyz",s, 1) 的值为（　　）。

A．abc123xyz　　B．xyz123abc　　C．xyz123xyz　　D．abcxyzabc

四、多选题

1．以下可作为关键字，用来定义函数的选项有（　　）。

A．type　　B．math　　C．lambda　　D．def

2．以下函数定义中，正确的有（　　）。

A．pass　　B．print("hello")

C．print(len("hello"))　　D．print(type("hello"))

3．定义一个函数，如 def example(a,*b), 以下调用方式正确的有（　　）。

A．example(12,23)　　B．example(12,23,34)

C．example(12,23,{23:34})　　D．example(12,23,34,45,56,67,78)

4．以下说法正确的是（　　）。

A．局部变量就是在函数内部定义的变量

B．不同的函数内部可以定义名字相同的变量，相互之间不会产生影响

C．如果一个变量既能在一个函数中使用，也可以在其他函数中使用，那么变量就是全局变量

D．如果在函数中修改全局变量，那么就需要使用 global 进行声明，否则会出错

5．表达式 random.sample(range(8),3) 的值可能为（　　）。

A．[2,1,5]　　B．[1,3,8]　　C．[6,7,4]　　D．[4,2,1]

6．下列选项中描述错误的是 (　　)。

A．count() 方法用于统计字符串里某个字符出现的次数

B．find() 方法用于检测字符串是否包含子字符串 str，如果包含子字符串，则返回开始的索引值，否则会报一个异常

C．index() 方法用于检测字符串是否包含子字符串 str，如果字符串中不包含 str，则返回 -1

D．upper() 方法可将单词首字母变为大写

7．表达式 "I Love Python".lower().upper() 的值不可能是（　　）。

A．I LOVE PYTHON　　B．i love python

C．ilovepython　　D．ILOVEPYTHON

8．x<len(" 中国 ".encode("utf-8")) , 那么 x 的值有可能是（　　）。

A．2　　B．4　　C．5　　D．6

五、编程题

1．完善函数 f(n,x)（x 为进制，2<x<9），实现如下功能：十进制转换为 x 进制，效果如图 4-5-1 所示。

```
请输入转换数字59
请输入进制数6
135
请输入转换数字98
请输入进制数7
200
```

图 4-5-1　进制转换

```
def f(n,x):
    #n 为待转换的十进制数，x 为进制，取值为 2 ~ 16
    a=_______________
    b=[]
    while True:
        s=_______________  # 商
        y=_______________  # 余数
        b=_______________
        if s==0:
            break
        n=s
    _______________
    for i in b:
        print(a[i],end="")
s=0
while s<1:
    a=int(input("\n 请输入转换数字 "))
    b=int(input(" 请输入进制数 "))
    f(a,b)
```

2．完善函数 fun，实现如下功能：利用递归方法求 5!。运行结果如图 4-5-2 所示。

```
5!值为120
```

图 4-5-2　5! 的运行结果

```
def fun(n):
    if _______________:
        _______________
    else:
        return _______________
print("5! 值为 "+str(fun(5)))
```

3．定义一个匿名函数，返回两数平方之差，例如，输入 5 和 6，返回 -11。运行结果如图 4-5-3 所示。

4．完善函数 fun, 求两个整数的最大公约数和最小公倍数，然后用主函数 main() 调用这个函数并输出结果，两个整数由键盘输入。运行结果如图 4-5-4 所示。

```
请输入第一个数5
请输入第二个数6
-11
```

图 4-5-3　匿名函数求平方差

```
请输入一个整数6
请输入一个整数9
3
18.0
```

图 4-5-4　求最大公约数和最小公倍数

```
def fun():
    a=int(input(" 请输入一个整数 "))
    b=int(input(" 请输入一个整数 "))
    def ______________:
        while(b!=0):
            temp=______________
            ______________
            b=temp
        return a
    def gongbei(a,b):
        return ______________
    print(gongyue(a,b))
    print(gongbei(a,b))
if ___ name ___ == "___ main ___":
    fun()
```

5．禁止左右转弯图形如图 4-5-5 所示，请利用函数，优化以下代码。

图 4-5-5　禁止左右转弯图标

```
import turtle          # 导入 turtle
t=turtle.Turtle()      # 定义自变量
t.hideturtle()         # 隐藏画笔
t.speed(10)            # 画笔的速度
```

```
t.seth(135)            # 画笔开始的朝向
l=[
    [205,225,8,"#DA251C",300],
    [202,222,3,"#FFFFFF",295],
    [196,216,8,"#DA251C",285],
    [157,177,8,"#FFFFFF",230],
]
for i in l:
    t.penup()          # 抬笔
    t.goto(i[0],i[1])  # 定位
    t.pendown()        # 落笔
    t.pensize(i[2])    # 画笔的粗细
    t.color(i[3])      # 颜色
    t.begin_fill()     # 开始填充
    t.circle(i[4])     # 画圆
    t.end_fill()       # 结束填充
# 箭头
t.penup()              # 抬笔
t.goto(-30,-140)       # 定位
t.pendown()            # 落笔
t.seth(90)             # 画笔开始的朝向
t.color("#000000")     # 颜色
t.begin_fill()         # 开始填充
t.forward(210)
t.circle(15,90)
t.forward(80)
t.left(135)
t.forward(85)
t.right(135)
t.forward(40)
t.right(45)
t.forward(110)
t.right(90)
t.forward(110)
t.right(45)
t.forward(40)
t.right(135)
t.forward(85)
t.left(135)
t.forward(80)
t.circle(-50,50)
t.left(100)
t.circle(-50,50)
t.forward(80)
t.left(135)
t.forward(85)
t.right(135)
t.forward(40)
t.right(45)
t.forward(110)
t.right(90)
t.forward(110)
t.right(45)
t.forward(40)
t.right(135)
t.forward(85)
t.left(135)
t.forward(80)
t.circle(15,90)
t.forward(210)
t.right(90)
t.forward(47)
t.end_fill()           # 结束填充
# 红斜杠
```

```
t.penup()                 # 抬笔
t.goto(-175,175)          # 定位
t.pendown()               # 落笔
t.seth(0)                 # 画笔开始的朝向
t.color("#DA251C")        # 颜色
t.begin_fill()            # 开始填充
t.right(45)               # 画笔左转
for i in range(2):
    t.forward(470)
    t.left(90)
    t.forward(40)
    t.left(90)
t.end_fill()              # 结束填充
turtle.done()             # 停止画笔绘制
```

第5单元　Python语言的特色与拓展

学习目标

1. 理解 Python 特有的数据类型元组、集合、字典的概念；
2. 掌握 Python 特有的数据类型元组、集合、字典的使用方法；
3. 掌握 Python 中输入函数 input() 与输出函数 print() 的使用方法；
4. 理解 Python 特有的迭代器与生成器的概念；
5. 掌握 Python 特有的迭代器与生成器的基本使用方法；
6. 掌握 Python 中部分模块的使用，如 re 模块、time 模块、calendar 模块、os 模块等。

5.1　Python 特有数据类型

重点知识

一、元组（tuple）

Python 的元组与列表类似，不同之处在于元组的元素不能修改，例如，里面的成员、顺序都不可改变。

元组使用小括号 ()，列表使用方括号 [ ]。

元组创建很简单，只需要在括号中添加元素，并使用逗号隔开即可。基本创建方式如图 5-1-1 所示。

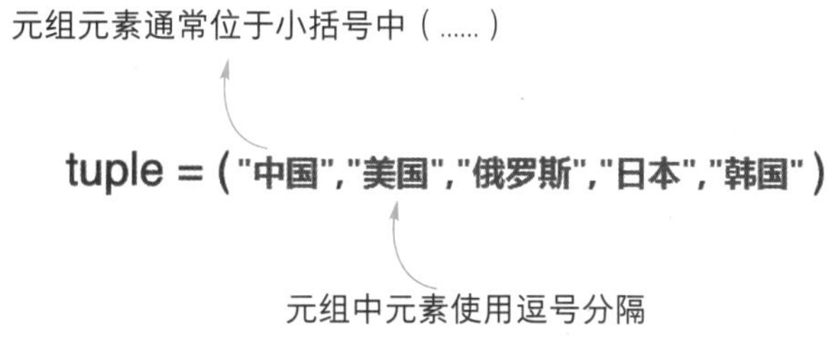

元组元素通常位于小括号中（......）

tuple = ("中国","美国","俄罗斯","日本","韩国")

元组中元素使用逗号分隔

图 5-1-1　元组创建方式

元组实例：

```
tup1=(1,2,3,4,5)
tup2=("中国","美国",2020,2021)        #元组的元素可以是多种数据类型
tup3="a","b","c","d"                  #不需要括号也可以
```

操作元组：

1. 访问元组。元组可以使用下标索引访问元组中的值，访问及截取方式类似于列表。

```
tup1=(1,2,3,4,5)
tup2=("美国","中国",2020,2021)
tup3="a","b","c","d"
print (tup1[1])
```

运行结果为：

```
2
```

```
tup2[1:3]
```

运行结果为：

```
('中国',2020)
```

```
print (tup3[1:])
```

运行结果为：

```
('b','c','d')
```

2. 修改元组。元组中的元素值是不允许修改的，但可以对元组进行连接组合。

```
tup1[0]=11
```

运行结果为（修改元组出错）：

```
Traceback (most recent call last):
    File "<input>", line 1, in <module>
TypeError: 'tuple' object does not support item assignment
```

```
tup4=tup1+tup3
print（tup4）
```

运行结果为：

```
(1,2,3,4,5,'a','b','c','d')
```

3．元组内置函数

元组内置函数见表 5–1–1。

表 5–1–1　元组内置函数

函数及方法	描述	实例	输出
len(tuple)	计算元组元素个数	len(tup1)	5
max(tuple)	返回元组中元素最大值	max (tup1)	5
min(tuple)	返回元组中元素最小值	min(tup1)	1
tuple(iterable)	将可迭代对象转换为元组	l=[100,200,300,400] tuple(l)	(100,200,300,400)

二、字典（dictionary）

Python 的字典是另一种可变容器模型，且可存储任意类型对象，如图 5–1–2 所示。

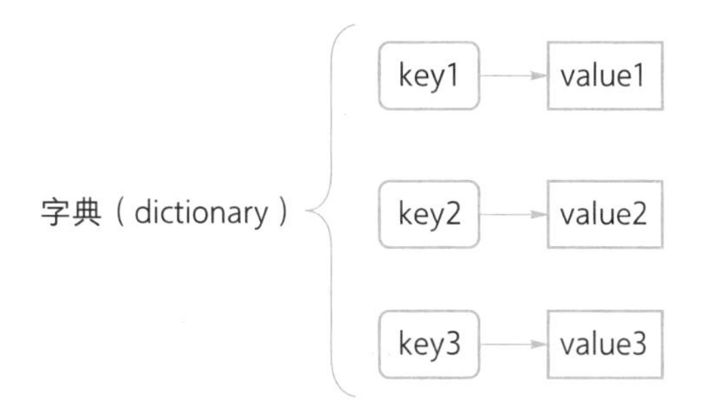

图 5–1–2　字典的结构

字典的每个“键”和“值”用冒号 : 分隔，每个键值对之间用逗号 , 分隔，整个字典元素包含在花括号 {} 中 , 格式如图 5–1–3 所示。

格式：dict={key1 : value1, key2 : value2, key3 : value3 }

实例：dict={" 国家 ": " 中国 "," 面积 ": 960," 人口 ": 1400000000}

图 5–1–3　字典格式

注意：“键”必须是唯一的，但“值”则不必。

操作字典：

1．访问字典。通过相对应的键访问。

```
dict={"国家": "中国", "面积": 960, "人口": 1400000000}
print(dict['国家'])
```

运行结果为：

```
中国
```

2．修改和添加字典元素。可以通过相对应的键修改值。向字典添加新内容的方法是增加新的键值对。

```
dict={"国家": "中国","面积": 960,"人口": 1400000000}
dict["面积"]=9600000                    #修改面积（key）的值（value）
dict["首都"]="北京"                      #插入新的键值
print(dict)
```

运行结果为：

```
{'国家': '中国','面积': 9600000,'人口': 1400000000,'首都': '北京'}
```

3．删除字典元素。

```
dict={"国家": "中国","面积": 9600000,"人口": 1400000000,"首都":"北京"}
print(dict)
```

运行结果为：

```
{'国家': '中国','面积': 9600000,'人口': 1400000000,'首都': '北京'}
```

```
del dict["面积"]                        #删除键：面积
print(dict)
```

运行结果为：

```
{'国家': '中国', '人口': 1400000000, '首都': '北京'}
```

```
dict.clear()                              #清空字典
print(dict)
```

运行结果为：

```
{}
```

4．字典内置函数及部分常用内置方法以字典 dict={' 国家 ' : ' 中国 ', ' 面积 ' : 9600000, ' 人口 ' : 1400000000,' 首都 ':' 北京 '} 为例。见表 5–1–2。

表 5–1–2　字典内置函数

函数及方法	描述	实例	输出
len(dict)	计算字典元素个数	len(dict)	4
str(dict)	输出字符串表示的字典	print(str(dict))	"{'国家': '中国', '面积': 9600000, '人口': 1400000000, '首都': '北京'}"
dict.clear()	删除字典内所有元素	dict.clear()	{}
dict.copy()	返回一个字典的浅复制	dict1=dict.copy() print(dict1)	{'国家': '中国', '面积' : 9600000, '人口' : 1400000000, '首都': '北京'}
key in dict	如果键在字典dict里返回true，否则返回false	"国家" in dict "民族" in dict	True False
dict.items()	以列表返回可遍历的“(键, 值)” 元组数组	list(dict.items())	[('国家', '中国'), ('面积', 9600000), ('人口', 1400000000), ('首都', '北京')]
dict.keys()	返回字典中的所有key，建议转换成为list	list(dict.keys())	['国家', '面积', '人口', '首都']
dict.values()	返回字典中的所有value，建议转换为list	list(dict.values())	['中国', 9600000, 1400000000, '北京']

三、集合（set）

集合是一个无序的不重复元素序列。与数学中集合的概念很相似。

可以使用大括号 { } 或 set() 函数创建集合，注意：创建一个空集合必须用 set() 而不是 { }，因为 { } 是用来创建一个空字典。

```
country={" 中国 "," 中国 "," 中国 "," 美国 "," 俄罗斯 "," 英国 "," 法国 "," 德国 "}
print(country)
```

运行结果为：

```
{' 美国 ',' 德国 ',' 英国 ',' 中国 ',' 俄罗斯 ',' 法国 '}     # 去掉了重复的 " 中国 "
```

操作集合：

1．访问集合。由于集合存储的元素是无序的，所以不能通过索引来访问。访问集合中的某个元素实际上就是判断该元素是否在集合中。

```
country={"中国","美国","俄罗斯","英国","法国","德国"}
print("美国" in country)
```

运行结果为：

```
True
```

```
print("日本" in country)
```

运行结果为：

```
False
```

2．添加元素。set.add() 将元素添加到集合中，如果元素已存在，则不进行任何操作。

```
country.add("日本")
print(country)
```

运行结果为：

```
{'美国','德国','英国','中国','俄罗斯','法国','日本'}
```

```
country.add("中国")
print(country)
```

运行结果为：

```
{'美国','德国','英国','中国','俄罗斯','法国','日本'}
```

3．移除元素。set.remove() 将元素从集合中移除，如果元素不存在，则返回错误信息。

```
country={"中国","美国","俄罗斯","英国","法国","德国"}
country.remove("德国")
print(country)
```

运行结果为：

```
{'美国','英国','中国','俄罗斯','法国'}
```

```
country.remove("日本")
```

运行结果为：

```
Traceback (most recent call last):
  File "<input>", line 1, in <module>
KeyError: '日本'
```

4．集合内置函数及部分常用内置方法见表 5-1-3。以函数 country={"中国","美国","俄罗斯","英国","法国","德国"} 为例。

表 5-1-3　集合内置函数

函数及方法	描述	实例	输出
add()	为集合添加元素	见上文实例	
remove()	移除指定元素		
clear()	移除集合中的所有元素	country.clear()	set()
len()	计算集合元素个数	len(country)	6
x in set	如果元素x在集合里则返回true，否则返回false	"美国" in country "日本" in country	True False

5．集合的运算。

（1）交集：集合 A 与集合 B 的交集，记作 $A \cap B$，如图 5-1-4 所示。

（2）并集：集合 A 与集合 B 的并集，记作 $A \cup B$，如图 5-1-5 所示。

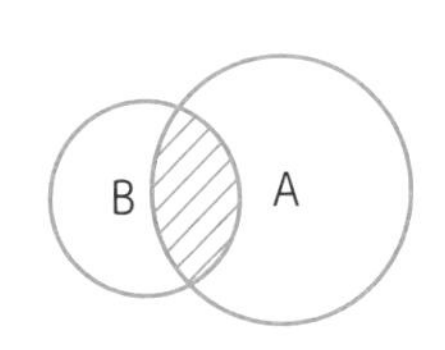

图 5-1-4　交集

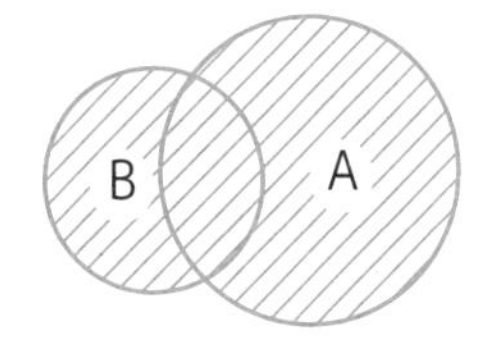

图 5-1-5　并集

```
set_a={"中国","美国","俄罗斯","英国","法国"}
set_b={"英国","法国","德国","西班牙","意大利"}
print(set_a.intersection(set_b))
```

运行结果为：

```
{'法国','英国'}                    # 交集：运算结果也是一个集合
```

```
print(set_a.union(set_b))
```

运行结果为：

```
{'美国','西班牙','意大利','德国','英国','中国','俄罗斯','法国'}
                                  # 并集：运算结果的元素仍然是无重复无序的
```

例题精选

【例 1】单选题：下列几种创建元组的方式，错误的是（　　）。

A．t=(1, 2, 3, 4, 5)　　B．t=(" 苹果 ", 10, " 香蕉 ", 20)

C．t=1, 2, 3, 4, 5　　D．t=[1, 2, 3, 4, 5]

【解析】

A．正确。

B．正确。元组的每个元素可以是不同的数据类型。

C．正确。创建元组可以省略括号。

D．错误。t=[1, 2, 3, 4, 5] 是创建列表的方式。

【答案】D

【例 2】单选题：在下列描述中，正确的是（　　）。

A．元组中的每个元素必须是相同的数据类型

B．一个列表被创建之后，它的长度是固定的

C．一个元组被创建之后，它的长度是固定的

D．可以通过下标运算符读取列表中的元素，但是不能修改元素的值

【解析】

A．错误。元组的每个元素可以是不同的数据类型，例如，t=("a", "b", 1, 2)。

B．错误。列表的长度是可以增加的（可以通过 append 方法增加）。

C．正确。元组的元素不能修改，因此长度也不可改变。

D．错误。列表的元素可以修改，元组的元素不可以修改。

【答案】C

【例 3】单选题：以下格式正确的字典是（　　）。

A．dict=["age" : 18]　　B．dict={" age " : 18}

C．dict=" age ", 18　　D．dict=(" age ", 18)

【解析】

A．错误。语法错误。

B．正确。

C．错误。这是一个元组，只是省略了括号。

D．错误。这是一个元组的标准格式。

【答案】B

【例 4】单选题：以下能创建一个空集合的语句是（　　）。

A．s=set{}　　B．s={}　　C．s=set()　　D．s=set[]

【解析】

A．错误。语法错误。

B．错误。这是创建一个空字典。

C．正确。

D．错误。语法错误。

【答案】C

【例 5】判断题：列表、元组、字符串支持双向索引。（　　）

【解析】

（1）列表：a=[1, 2, 3, 4, 5, 6, 7]，正向索引 a[3]=4，反向索引 a[−3]=5，因此列表支持双向索引。

（2）元组：a=(1, 2, 3, 4, 5, 6, 7)，正向索引 a[3]=4，反向索引 a[−3]=5，因此元组支持双向索引。

（3）字符串：a="1234567"，正向索引 a[3]=4，反向索引 a[−3]=5，因此字符串支持双向索引。

【答案】√

【例 6】判断题：Python 字典和集合属于无序序列。（　　）

【解析】

字典和集合都是无序的。字典是键值对的集合，键值对之间是无序的；集合类型是无序的，其中的每一个元素都是唯一的，不存在相同的元素。

【答案】√

【例 7】操作题：小明和小红去买水果，小明买了苹果、香蕉、西瓜、草莓，小红买了香蕉、草莓、梨、芒果。

编写 Python 程序。

（1）找出他们两人都买过的水果。

（2）找出他们两人总共买了多少种水果。

【解析】

（1）解题思路：本例有两个问题，其中第一个问题是找出两人都买过的水果。按照前面学过的知识，可以先定义两个列表，分别保存两个人买过的水果。然后从第一个人的水果篮子里面挑一个，去第二个人的篮子里面看下是否他也买了同样的水果，直至第一个人的水果都拿出来过为止。

（2）定义三个列表，用来保存数据：

```
m=["苹果","香蕉","西瓜","草莓"]          #小明买的水果
h=["香蕉","草莓","梨","芒果"]            #小红买的水果
g=[]                                    #两人都买过的水果
```

（3）第（1）小题流程图如图 5-1-6 所示。

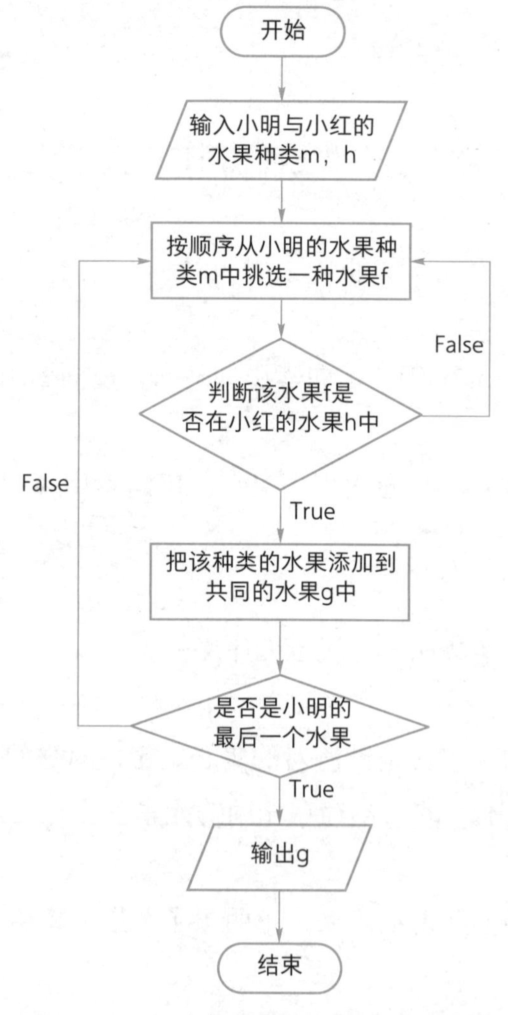

图 5-1-6　两人都买过的水果程序流程图

【答案】

根据上述分析，第一小题程序语句为：

```
m=["苹果","香蕉","西瓜","草莓"]          # 小明买的水果
h=["香蕉","草莓","梨","芒果"]            # 小红买的水果
g=[]                                     # 两人都买过的水果
for f in m:                              # 遍历小明的水果篮 m，每次挑出一个水果 f
    if f in h:                           # 判断 f 是否在小红的水果篮 h 中
        g.append(f)                      # 把都买过的水果放到 g 中
print(g)
```

补充：根据集合的概念，其实本题的第（1）小题就是求两个集合的交集，第 (2) 小题是求两个集合的并集，因此两个集合的计算，使用交集 intersection() 及并集 union() 将非常方便。

【答案】

```
m={"苹果","香蕉","西瓜","草莓"}          # 小明买的水果
h={"香蕉","草莓","梨","芒果"}            # 小红买的水果
g=set()                                  # 两人都买过的水果
z=set()                                  # 两人总共买了多少种水果
g=m.intersection(h)                      # m 和 h 求交集
z=m.union(h)                             # m 和 h 求并集
print(g)
print(h)
```

【例 8】操作题：使用字典模拟购物功能。字典 goods 用来表示商品名称和价格，goods={"苹果":10,"香蕉":12,"西瓜":17,"草莓":13,"梨":9,"芒果":18}，cash 表示购物者总共带的钱，要求实现以下功能：

（1）选择购买的水果，并且计费扣款，挑选水果后，从原有的字典中删除。

（2）输入“退出”或者余额不足将退出购物。

（3）最终输出购买的水果及总共花了多少钱，剩余多少钱。

【解析】

（1）需要输入程序，用来输入 cash。

（2）通过访问字典元素 goods["水果名"]，获取水果价格并计费。

（3）通过 del 函数，删除买到的水果。

（4）需要 while 循环持续购买水果直到输入“退出”或余额不足。

（5）流程图如图 5-1-7 所示。

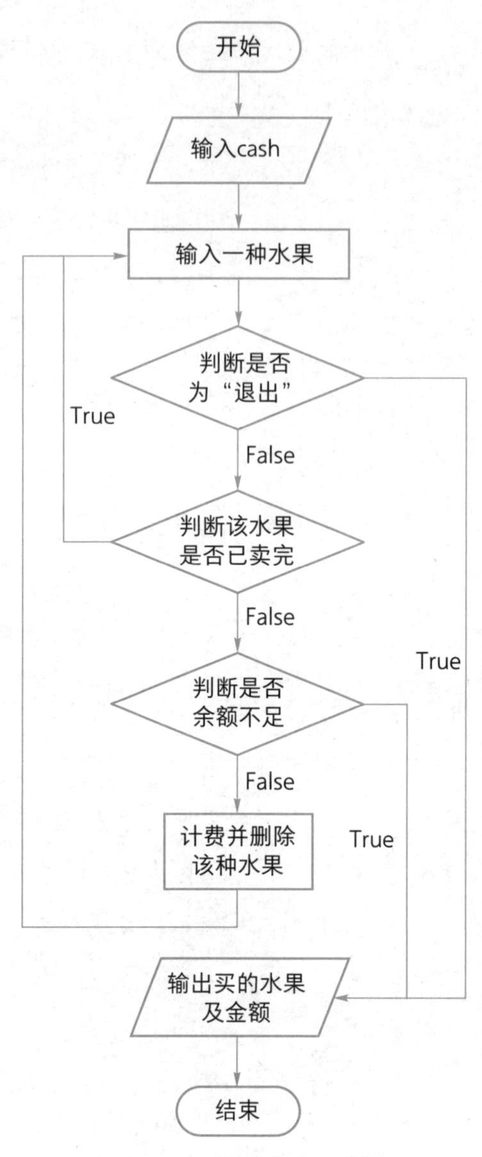

图 5-1-7　购物程序流程图

【答案】

根据上述分析，本题程序语句为：

```
goods={"苹果": 10, "香蕉": 12, "西瓜": 17,
"草莓": 13, "梨": 9, "芒果": 18}                # 初始化数据
cash=int(input("输入您带的钱:"))                  # 输入带的钱
fruit=input("输入您挑选的水果:")                  # 挑选水果
buy_fruit=[]                                     # 保存买到的水果
cost=0                                           # 花费的钱

while fruit!="退出":
```

```
    if fruit not in goods:                    # 判断想买的水果是否还存在
        print("该水果已卖完")
        fruit=input("输入您挑选的水果:")      # 继续挑选水果
    elif cash-goods[fruit]<0:                 # 判断余额是否够
        print("余额不足！购物结束")
        break                                 # 循环结束
    else:
        cost=cost+goods[fruit]                # 把购买到的水果计入花费
        cash=cash-goods[fruit]                # 余额扣除买到的水果价格
        buy_fruit.append(fruit)
        del goods[fruit]                      # 把买到的水果移除
        fruit=input("输入您挑选的水果:")      # 继续挑选水果
else:
    print("购物结束！")                       # 输入退出，结束购物
```

巩固练习

一、单选题

1．字典对象的（　　）方法可以获取指定“键”对应的“值”。

A．get()　　B．value()　　C．key()　　D．item()

2．字典对象的（　　）方法返回字典中的“键值对”列表。

A．get()　　B．value()　　C．key()　　D．items()

3．已知 x={1:2}，那么执行语句 x[2]=7 之后，x 的值为（　　）

A．运行报错　　B．{1:2}　　C．{1:2,2:7}　　D．{2:7,1:2}

4．以下序列创建方式错误的是（　　）。

A．a=(1,"3",5)　　B．b={1,"3",5}　　C．c=[1,"3",5]　　D．d={1:3:5}

5．已知 a={1,2,3,4,5,6}，b={1,3,5,7,9}，a&b 的结果是（　　）。

A．{1,2,3,4,5,6,7,9}　　B．{1,2,3,4,5,6,1,3,5,7,9}

C．{1,3,5}　　D．{1,1,2,3,3,4,5,5,6,7,8}

6．已知 a=(1,2,3,4)，想要添加第 5 个元素数字 5，以下可行的方式是（　　）。

A．a.append(5)　　B．a[4]=5　　C．a(4)=5　　D．不能添加

7．以下不符合 Python 语法的写法是（　　）。

A．a={(1,2,3):4}　　B．a=[(1,2,3),4]　　C．a={[1,2,3],4}　　D．a=([1,2,3],4)

8．以下序列能通过 a[0] 访问到序列中的第一个元素的是（　　）。

A．a=(1,2,3)　　B．a={1,2,3}　　C．a={1:2,2:3}　　D．a={1:2,0:3}

9．以下选项不能生成一个空字典的是（　　）。

A．{}　　B．dict()　　C．dict([])　　D．{[]}

10．以下选项能生成一个空集合的是（　　）。

A．set{}　　B．{}　　C．set()　　D．set[]

二、填空题

1．Python 内置函数（　　　　）用来返回集合中的最大元素。

2．表达式 a=("11","7","6")，a[0] 的值为（　　　　）。

3．字典中多个元素之间使用（　　　　）分隔开，每个元素的“键”与“值”之间使用（　　　　）相对应。

4．字典对象的（　　　　）方法返回字典中所有“键”的列表。

5．已知 x={1, 2, 3}，那么执行语句 x.add(3) 后，x 的值为（　　　　）。

6．已知 x={1:1, 2:2}，那么执行语句 x[3] =3 后，len(x) 的值为（　　　　）。

7．列表 x =[1, 2,3]，那么执行语句（　　　　）后，可以把列表 x 转换为集合 {1, 2, 3}。

8．表达式 {1, 2, 3}=={1, 3, 2} 的值为（　　　　）。

9．Python 字典和集合属于（　　　　）序列。

10．已知 a={1,2,3,4,5,6}，b={1,3,5,7,9}，a|b 的结果是（　　　　）。

11．已知 a=(1,2,3,4,5,6)，b=(1,2,3)，表达式 b in a 的值为（　　　　）。

三、操作题

1．已知某门课程的学生成绩（用列表 score 表示），要求对这些成绩分类，统计优、良、中、及格和不及格的人数（统计结果保存在字典 count 中）。

```
score=[97,65,87,83,82,58,98,76,78,98,99,87,89,64,95,78,80,79,85]
count={"优秀":0,"及格":0,"不及格":0}
```

2．已知由一系列坐标点组成的元组 s=((1,2),(3,2),(−1,2),(3,−2),(4,1),(−2,−2))，要求输出横坐标列表 xlist 及纵坐标列表 ylist。

5.2　多重复合结构

重点知识

一、累加、求最值

1．累加算法。累加是指若干个数据相加，数据之间有一定的规则，例如 1+3+5+7+…+99。

2．累加算法的一般流程。累加器如图 5-2-1 所示。

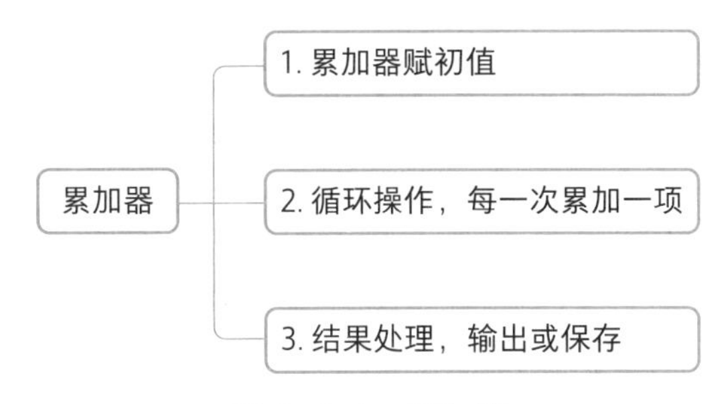

图 5-2-1　累加器

3．累加算法的重难点：找到循环迭代变量和每一次被加项之间的关系，然后构造出合理的循环结构。只要合理，循环结构不唯一。

4．累加器赋初值 0，累乘器赋初值 1 。一般算法如下。

累加器算法：

```
s=0
循环（for 或 while）:
    s+= 被加项                        # 被加项用循环迭代变量表示
输出 s 或保存
```

5．求最值。最值指若干个数据中的最大值和若干个数据的最小值。如果是简单的求最值问题，可以用 min 函数或者 max 函数来完成；稍复杂的问题（如求某班同学某课程及格同学中最高分、最低分和平均分），一般操作如图 5-2-2 所示。

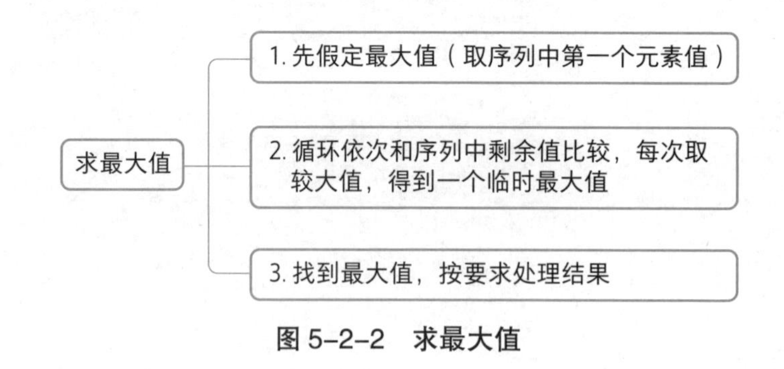

图 5-2-2 求最大值

二、特殊数

1．特殊数有：水仙花数、完备数、同构数及素数等。

（1）水仙花数是指一个三位数其各位数字的立方之和等于它的本身，称为水仙花数。例如，$153=1^3+5^3+3^3$。

（2）完备数又称为完数、完全数。它所有的真因子（即除了自身以外的约数）的和，恰好等于它本身。例如：6=1+2+3，6 是一个完备数。

（3）同构数是指一个数出现在它的平方数的尾部。例如：5 是 5 的平方 25 的尾部，5 就是同构数，25 是 25 的平方 625 的尾部，25 也是同构数。

（4）素数（又称质数）是指除了 1 与本身以外，不能被任何数整除的数。

2．不同的特殊数有各自特点、特征。在编程时，应准确判断出数值是不是某种特殊数，并根据特殊数的不同特征，构造出相对应的判断条件及条件所涉及的相关值，可能会涉及取整操作、取余数操作、数字分离法、开根号操作、字符截取等方法。

3．如果要得到某个区间的特殊数，应在判断特殊数的代码外层套一个循环，对区间的所有数值进行遍历操作。

三、图形题

1．生活中可用字符组成各类图案。例如，矩形、平行四边形、直角三角形、等腰三角形、菱形等，文本图案的打印输出可用双重循环结构来实现。一般算法如下。

```
for i in range(1,n+1):              # 外循环控制行，共有 n 行
    print(" "*x,end=" ")            # 当前行前 x 个空格
    for j in range(1,m+1):          # 当前行 m 个字符（m 列）
        print( 字符 ,end="")         # 打印单个字符
print()                             # 下一行
```

2．打印输出的图案同一行字符相同，可简化为一重循环结构，一般算法如下。

```
for i in range(1,n+1):              # 共有 n 行
    print(" "*x, 字符 *y)            # 当前行由 x 个空格和 y 个字符组成
```

3．对于图形，一般外循环控制行，内循环控制列（每一行的具体信息）。

四、排序

1．排序是计算机内经常进行的一种操作，其目的是将一组“无序”的序列（数据或字符），按一定顺序（小到大或大到小），调整为“有序”的序列。

2．排序方法很多，常用的排序算法有冒泡排序和选择排序。

3．冒泡排序的基本思想：将需要排序的元素看作是一个个“气泡”，最小（或最大）的“气泡”最快冒出水面，排在前面；较小（或较大）的“气泡”排在后面，以此类推。冒泡排序就是把小的元素往前调（或往后调）。比较相邻的两个元素，交换也发生在这两个元素之间。

如果有 n 个数据放在列表 lst 中，从小到大的冒泡排序一般形式如下。

```
for i in range(n-1):                        #n 个数，找 n-1 个最大值
    for j in range(n-1-i):                  # 依次判断相邻元素大小
        if lst[j]>lst[j+1]:                 # 如果相邻的两个元素前大后小
            lst[j],lst[j+1]=lst[j+1],lst[j] # 交换前后两个元素的值
```

4．选择排序的基本思想：第一次从待排序的元素序列中选出最小（或最大）的元素，存放在序列的起始位置，然后从剩余的未排序元素序列中寻找到最小（或最大）的元素，再放到已排序的序列末尾。以此类推，直到待排序的数据元素个数为零。

如果有 n 个数据放在列表 lst 中，从大到小的选择排序一般形式如下。

```
for i in range(n-1):                # 找 n-1 个最大值，每次找到后放在 i 位置
    p=i                             # p：当前未排序元素中的临时最大值的索引
    for j in range(i+1,n):          # 所有未排序元素都和临时最大值比较
        if lst[j]>lst[p]:p=j        # 如果 j 大，p 指向 j
    if p!=i:                        # 如果 p 指向的不是 i 位置
        lst[p],lst[i]=lst[i],lst[p] # 交换值
```

例题精选

【例 1】操作题：求和 $s=\frac{1}{1\times 2}+\frac{1}{2\times 3}+\cdots+\frac{1}{99\times 100}$，输出结果如图 5-2-3 所示。

```
0.9900990099009898
```

图 5-2-3　求和运行结果

【解析】

（1）求 s 的值。这个是累加器算法，每一次加一项，共加 99 项。

（2）累加器初值 s 为 0。

（3）如何写循环，确定循环变量的初值、终值和步长？如何构造被加项？

观察表 5–2–1，发现规律：被加项分母第一个数和次数相等，被加项分母第一个数和第二个数相差 1。

表 5–2–1　次数与被加项

次数	第1次	第2次	第3次	…	第98次	第99次
被加项分母的第一个数	1	2	3	…	98	99
被加项分母的第二个数	2	3	4	…	99	100

方法 1：取被加项分母的第一个数作为循环变量 i，将被加项表示为$\frac{1}{i\times(i+1)}$，见表 5–2–2。

表 5–2–2　方法 1 循环变量与被加项

循环变量i	1	2	3	…	98	99
被加项	$\frac{1}{1\times(1+1)}$	$\frac{1}{2\times(2+1)}$	$\frac{1}{3\times(3+1)}$	…	$\frac{1}{98\times(98+1)}$	$\frac{1}{99\times(99+1)}$

方法 2：取被加项分母的第二个数作为循环变量 i，将被加项表示为$\frac{1}{(i-1)\times i}$，见表 5–2–3。

表 5–2–3　方法 2 循环变量与被加项

循环变量i	2	3	4	…	99	100
被加项	$\frac{1}{(2-1)\times 2}$	$\frac{1}{(3-1)\times 3}$	$\frac{1}{(4-1)\times 4}$	…	$\frac{1}{(99-1)\times 99}$	$\frac{1}{(100-1)\times 100}$

【答案】参考答案为方法 1，与方法 2 类同。

```
s=0                                  #累加器初值 0
for i in range(1,101):
    s+=1/(i*(i+1))                   #每次累加一项
print(s)                             #输出
```

【例 2】编程题：7 个评委打分（7 个分数放在列表 score 中），去掉一个最高分和一个最低分，求平均分，平均分保留小数点后 1 位。运行结果如图 5–2–4 所示。

```
评委打分： [8.9, 8, 7.7, 9.3, 8.8, 8.5, 9.0]
平均分： 8.6
```

图 5–2–4　计算得分运行结果

【解析】

（1）程序设计思路如图 5-2-5 所示。

图 5-2-5　计算得分程序设计思路

（2）精确到小数点后 1 位。本程序中用到了 round 函数，介绍 round 函数用法见表 5-2-4。

表 5-2-4　round 函数

函数名	功能	参数1	参数2	例子	例子结果
round(v,n)	四舍五入法精确到小数点后n位	数值	小数点位数	round(1.23,1) round(123,-2)	1.2 100

【答案】

```
score=[8.9,8,7.7,9.3,8.8,8.5,9.0]
max1=score[0]                    # 假定最大值
min1=score[0]                    # 假定最小值
s=score[0]                       # 和的初始值为列表中第一个值
for v in score[1:]:
    s+=v                         # 求和
    if v>max1:                   # 判断 v 是否为当前最大值
        max1=v
```

```
        if v<min1:                  # 判断 v 是否为当前最小值
            min1=v

    s=s-max1-min1                   # 去掉一个最高分，一个最低分
    s=s/5                           # 求平均分

    print("评委打分：",score)
    print("平均分：",round(s,1))
```

【例 3】编程题：打印输出所有的水仙花数。运行结果如图 5-2-6 所示。

【解析】

(1) 水仙花数是三位数，本题循环遍历的范围为三位整数(100 ~ 999)。另一种循环遍历的方法是三重循环法，三位整数的每一位进行循环，已在循环嵌套中讲解，这里不涉及。

```
水仙花数：
153
370
371
407
```

图 5-2-6 输出水仙花数运行结果

(2) 采用 ge、shi、bai 三个变量分别来表示三位数的个位、十位、百位。通过取整和取余两个操作，从数 i 中分离出个位、十位、百位，如下所示：

```
ge=i%10
shi=i%100//10
bai=i//100
```

(3) 水仙花数判断条件：i==ge**3+shi**3+bai**3

【答案】

```
print("水仙花数：")
for i in range(100,1000):
    bai=i//100
    shi=i%100//10
    ge=i%10
    if i==bai**3+shi**3+ge**3:
        print(i)
```

【例 4】编程题：输出一个数，判断是否为素数（假定用户输入的数大于等于 2）。运行结果如图 5-2-7 所示。

【解析】

(1) 所谓素数（又称质数），是指除了 1 和该数本身之外，不能被其他任何整数整除的数，或者说素数 n 是指 n 不能被 2 ~ n-1 所有的数整除。

```
n:7
7 是素数
```
(a)

```
n:8
8 不是素数
```
(b)

图 5-2-7　判断是否为素数运行结果

例如，7 是一个素数，因为它不能被 2 ~ 6 整除；8 不是素数，因为 8 能被 2 ~ 7 中的 2 或 4 整除。

(2) 判断素数的方法：判断一个数 n 是否为素数（n ⩾ 3），只要将 n 作为被除数，2 ~ n-1 各个整数轮流作为除数，如果都不能被整除，则 n 为素数。如果 n 能被 2 ~ n-1 中的某一个整数整除，则 n 不是素数，不必再判断 n 是否能被其他整数整除，此时直接输出 n 不是素数的信息。

(3) 利用 Python 循环特有的 else 语句来实现素数的判断。循环取 2 ~ n-1 的整数，进行除法运算，如果 n 可以被整除，直接输出“不是素数”然后用 break 语句中断，else 语句中输出“是素数”。

【答案】

```
n=int(input("n:"))
for i in range(2,n):
    if n%i==0:
        print(n,"不是素数")
        break
else:
    print(n,"是素数")
```

【例 5】编程题：打印图形，运行结果如图 5-2-8 所示。

```
   *
  ***
 *****
*******
```

图 5-2-8　打印星形运行结果

【解析】

(1) 打印图形一般为双重循环，外循环控制行，内循环控制列。分析发现：本题每一行输出的字符都为相同字符“*”，所以简化双重循环为一重循环。

(2) 该图形共有 4 行，因此循环变量 i 的变化值为 1，2，3，4。

(3) 行与空格、符号的关系见表 5-2-5。发现规律：空格 + 行数 i=4；空格 =4-i；符号 * 个数 =2*i-1。

表 5-2-5　行与空格、符号的关系

行数i	空格个数	符号*个数
1	3	1

续表

行数i	空格个数	符号*个数
2	2	3
3	1	5
4	0	7

【答案】

```
for i in range(1,5):
    print(" "*(4-i),"*"*(2*i-1))
```

【例 6】编程题：打印图形，运行结果如图 5-2-9 所示。

```
1
2    3
4    5    6
7    8    9    10
11   12   13   14   15
```

图 5-2-9　打印数字运行结果

【解析】

（1）有 5 行，外循环 i：1，2，3，4，5。

（2）确定内循环次数，每一行的行号与这一行的列数关系见表 5-2-6。发现规律：内循环的总次数 = 行号 i，所以内循环 j 为 1，2，3，…，i。

表 5-2-6　行号与内循环次数

行号i	列的总数(内循环次数)
1	1
2	2
3	3
4	4
5	5

（3）每一行输出时，不需要输出空格。

（4）每次打印的值，都比上一次打印值大 1。设置一个变量 x，用来控制输出的值。

【答案】

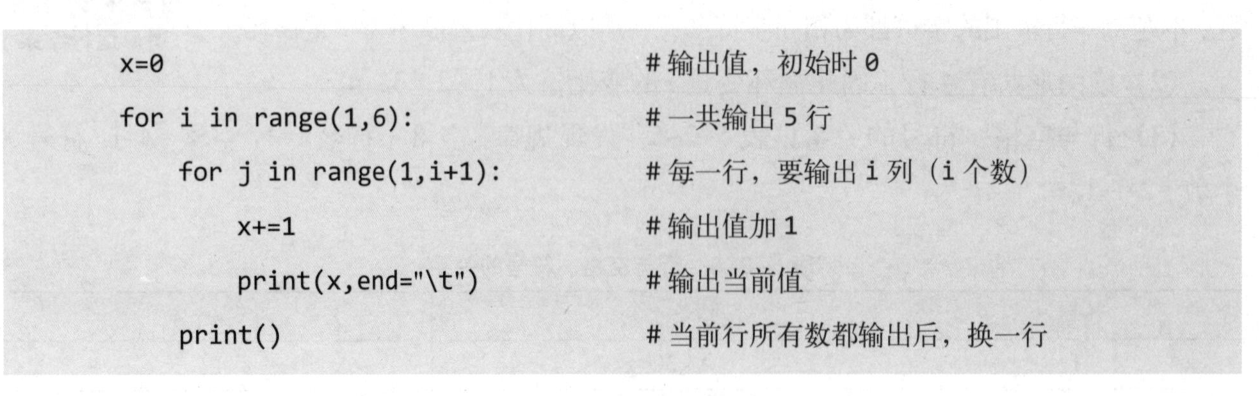

```
x=0                           #输出值，初始时 0
for i in range(1,6):          #一共输出 5 行
    for j in range(1,i+1):    #每一行，要输出 i 列（i 个数）
        x+=1                  #输出值加 1
        print(x,end="\t")     #输出当前值
    print()                   #当前行所有数都输出后，换一行
```

【例 7】编程题：随机产生 10 个 10 ～ 99 的整数，使用冒泡排序法从小到大排序，打印输出排序前后的 10 个数。运行结果如图 5-2-10 所示。

```
排序前： [29, 68, 24, 39, 14, 92, 21, 82, 25, 34]
排序后： [14, 21, 24, 25, 29, 34, 39, 68, 82, 92]
```

图 5-2-10　冒泡排序运行结果

【解析】

（1）产生随机整数使用 random 库中的 randint() 函数。randint() 函数用法见表 5-2-7。

表 5-2-7　randint 函数

函数	功能	例子	例子结果
randint(a,b)	随机产生a～b的整数	randint(10,30)	10～30的数，可能是22

随机产生一个 10 ～ 99 整数的方法如下。

```
import random
x=random.randint(10,99)
```

（2）产生 10 个随机整数，并存放在列表 lst 中。可以采用列表推导式：

```
import random
lst=[random.randint(10,99) for i in range(10)]
```

（3）套用冒泡排序法，n=10 代入算法。

【答案】

```
import random
lst=[random.randint(10,99) for i in range(10)]
print("排序前：",lst)
for i in range(9):
    for j in range(9-i):
        if lst[j]>lst[j+1]:
            lst[j],lst[j+1]=lst[j+1],lst[j]
print("排序后：",lst)
```

【例 8】编程题：随机产生 10 个 10 ～ 99 的整数，使用选择排序法从大到小排序，打印输出排序前后的 10 个数。运行结果如图 5-2-11 所示。

```
排序前: [14, 81, 83, 27, 11, 56, 35, 30, 31, 48]
排序后: [83, 81, 56, 48, 35, 31, 30, 27, 14, 11]
```

图 5-2-11 选择排序运行结果

【解析】

套用选择排序法，n=10 代入，其他同例 7。

【答案】

```
import random
lst=[random.randint(10,99) for i in range(10)]
print("排序前：",lst)
for i in range(9):
    p=i
    for j in range(i+1,10):
        if lst[j]>lst[p]:p=j
    if p!=i:
        lst[p],lst[i]=lst[i],lst[p]
print("排序后：",lst)
```

巩固练习

一、单选题

1．以下代码，不能实现 s=1+3+5+…+97+99 求和的是（　　）。

A．
```
s=0
for i in range(100):
    if i%2==1:
        s+=i
print(s)
```

B．
```
s=0
for i in range(1,99,2):
    s+=i
print(s)
```

C．
```
s=0
for i in range(1,51):
    s+=2*i-1
print(s)
```

D．
```
s=0
for i in range(1,101,2):
    s+=i
print(s)
```

2．执行以下代码，输出结果为（　　）。

```
lst1=[7,4,3,2,8,7,4,3,1,9]
```

```
m=lst1[0]
for i in lst1[1:11]:
    if i<m:m=i
print(m)
```

A. 7　　B. 2　　C. 1　　D. 9

3. 执行以下代码，输出结果为（　　）。

```
s="HelloPython"
p=s[0]
for i in range(1,11):
    if s[i]>p:p=s[i]
print(p)
```

A. P　　B. H　　C. y　　D. e

4. 仔细阅读以下代码，运行代码后，如果输入 370，输出结果为（　　）。

```
n=int(input("n:"))
a=n%10
b=n//10%10
c=n//100
if a**3+b**3+c**3==n:
    print("prime")
else:
    print("composite")
```

A. 370　　B. prime　　C. composite　　D. n

5. 运行以下代码，输出结果为（　　）。

```
n=13
for i in range(2,13):
    if n%i==0:
        print("Yes")
else:
    print("No")
```

A．Yes　　B．No　　C．出错　　D．空

6．运行以下代码，输出结果为（　　）。

```
n=11
flag=True
for i in range(2,11):
    if n%i==0:
        flag=False
if flag==True:
    print("Yes")
else:
    print("No")
```

A．Yes　　B．No　　C．出错　　D．空

7．运行以下代码，输出结果为（　　）。

```
n=100
flag=1
for i in range(2,n):
    if n%i==0:flag=0
if flag:
    print("Yes")
else:
    print("No")
```

A．Yes　　B．No　　C．100　　D．flag

8．以下代码不能输出“******”的是（　　）。

A．print("*"*6)

B．print("******")

C．for i in range(6):
　　print("*")

D．for i in range(6):
　　print("*",end="")

9．常用排序算法中，采用相邻两个元素比较的排序是（　　）。

A．冒泡排序　　B．选择排序　　C．插入排序　　D．桶排序

10．常用排序算法中，从待排序的数据元素中选出最小（或最大）的一个元素，存放在序列的起始位置，这样的排序是（　　）。

A．冒泡排序　　B．选择排序　　C．快速排序　　D．桶排序

二、填空题

1．有以下8个数据存放在lst1中，lst1=[87, 82, 81, 70, 47, 30, 25, 19]。

从小到大冒泡排序法，第一次交换的一对数为（　　　），第一轮排序后数据序列顺序为（　　　），第二轮排序后数据序列顺序为（　　　）。

2．有以下8个数据存放在lst1中，lst1=[87, 82, 81, 70, 47, 30, 25, 19]。

从小到大选择排序法，第一次交换的一对数为（　　　），第一轮排序后数据序列顺序为（　　　），第二轮排序后数据序列顺序为（　　　）。

三、编程题

1．求和：$s=1+2+3+\cdots+n$（n由用户输入）。运行结果如图5-2-12所示。

2．从键盘上输入项数n，根据式子$\frac{\pi^2}{6}=\frac{1}{1^2}+\frac{1}{2^2}+\frac{1}{3^2}+\frac{1}{4^2}+\cdots+\frac{1}{n^2}$，求π的近似值。运行结果如图5-2-13所示。

```
n:30
1+2+3+···+30=465
```

图5-2-12　运行结果1

```
n:10000
pi: 3.1414971639472147
```

图5-2-13　运行结果2

3．求s的计算结果，直到最后一项绝对值小于10^{-5}结束。

$$s=1-\frac{1}{2^2}+\frac{1}{3^2}-\frac{1}{4^2}+\frac{1}{5^2}-\frac{1}{6^2}+\cdots$$

变量命名建议：和为s，当前项序号为i，当前项值为an。运行结果如图5-2-14所示。

4．相传在古代印度，国王要褒奖聪明能干的宰相达依尔（国际象棋发明者），问他需要什么，达依尔回答："国王只要在国际象棋的棋盘第1个格子上放一粒麦子，第2个格子上放两粒麦子，第3个格子上放四粒，以后按此比例每一格加一倍，一直放到第64格（国际象棋盘是8*8=64格）。我就感激不尽，其他我什么也不要了。"国王想："这还不容易！"让人扛来一袋麦子，但不到一会儿全用没了，再来一袋很快又没了，结果全国的粮食都用完还不够。国王纳闷，怎么也算不清这笔账。现在请同学们用Python来设计一个程序，计算共需要多少粒麦子。运行结果如图5-2-15所示。

```
s= 0.8224719933971313
```

图5-2-14　运行结果3

```
填满国际象棋棋盘，共需要9223372036854775807粒麦子
```

图5-2-15　运行结果4

5．有一个数列$s=\frac{1}{2}+\frac{2}{3}+\frac{3}{5}+\frac{5}{8}+\frac{8}{13}+\cdots$，从键盘上输入项数n，求前n项的和。运行结果如图5-2-16所示。

6．求 $s=\frac{1}{2}-\frac{1}{3}+\frac{1}{4}-\frac{1}{5}+\cdots-\frac{1}{99}$，运行结果如图 5–2–17 所示。

```
n:8
前n项的和为： 4.861927778104248
```

图 5–2–16　运行结果 5

```
0.30182782068980485
```

图 5–2–17　运行结果 6

7．设计一个 Python 程序，输入某小组（8 名同学）的成绩，统计出平均分、最高分、最低分。平均分精确到小数点后两位，成绩范围：0 ~ 100。运行结果如图 5–2–18 所示。

8．输入一个数，判断它是否为完备数。完备数是指它所有的真因子（即除了自身以外的约数）的和，恰好等于它本身。例如，6=1+2+3，6 是一个完备数。运行结果如图 5–2–19 所示。

```
请输入第1位同学成绩：75
请输入第2位同学成绩：80
请输入第3位同学成绩：88.5
请输入第4位同学成绩：90
请输入第5位同学成绩：45
请输入第6位同学成绩：67
请输入第7位同学成绩：83
请输入第8位同学成绩：77
最高分： 90
最低分： 45
平均分：75.69
```

图 5–2–18　运行结果 7

```
n:100
100 不是完备数
```

（a）

```
n:28
28 是完备数
```

（b）

图 5–2–19　运行结果 8

9．找出 1000 以内所有的完备数。运行结果如图 5–2–20 所示。

10．找出 10 ~ 99中的所有同构数。正整数 n 若是它平方数的尾部，则称 n 为同构数。例如，5 的平方数是 25，且 5 出现在 25 的右侧，那么 5 就是一个同构数。运行结果如图 5–2–21 所示。

```
1000以内的完备数：
6
28
496
```

图 5–2–20　运行结果 9

```
10~99中的同构数：
25
76
```

图 5–2–21　运行结果 10

11．打印图形，运行结果如图 5–2–22 所示。

12．打印图形，运行结果如图 5–2–23 所示。

```
********
********
********
********
```

图 5–2–22　运行结果 11

```
*
**
***
****
*****
```

图 5–2–23　运行结果 12

13．打印图形，运行结果如图 5–2–24 所示。

14．打印图形，运行结果如图 5-2-25 所示。

图 5-2-24　运行结果 13　　图 5-2-25　运行结果 14

15．打印图形，输出结果如图 5-2-26 所示。

16．随机产生 8 个 30 ~ 50 的整数，用冒泡排序法从小到大进行排序，打印排序前后的整数序列。运行结果如图 5-2-27 所示。

```
1   2   3   4   5   6   7   8   9   10
11  12  13  14  15  16  17  18  19  20
21  22  23  24  25  26  27  28  29  30
31  32  33  34  35  36  37  38  39  40
41  42  43  44  45  46  47  48  49  50
51  52  53  54  55  56  57  58  59  60
61  62  63  64  65  66  67  68  69  70
71  72  73  74  75  76  77  78  79  80
81  82  83  84  85  86  87  88  89  90
91  92  93  94  95  96  97  98  99  100
```

图 5-2-26　运行结果 15

```
排序前: [47, 33, 33, 36, 42, 41, 40, 47]
排序后: [33, 33, 36, 40, 41, 42, 47, 47]
```

图 5-2-27　运行结果 16

17．随机产生 5 个 5 ~ 40 的整数，用冒泡排序法从大到小进行排序，打印排序前后的整数序列。运行结果如图 5-2-28 所示。

18．随机产生 *n* 个 10 ~ 50 的整数，用选择排序法从大到小进行排序，打印排序前后的整数序列。n 由用户来输入。运行结果如图 5-2-29 所示。

```
排序前: [19, 17, 25, 19, 30]
排序后: [30, 25, 19, 19, 17]
```

图 5-2-28　运行结果 17

```
n:7
排序前: [14, 44, 49, 16, 44, 16, 15]
排序后: [49, 44, 44, 16, 16, 15, 14]
```

图 5-2-29　运行结果 18

5.3　Python 中的输入与输出

重点知识

一、input 函数

在 Python 中，通常使用 input() 函数处理用户输入，它接收一个标准输入数据，返回字符串类型数据。

input() 函数的语法格式：

```
input(" 提示信息 ")
```

(1) 输入单个数据。

```
a=input(" 请输入：")
```

运行结果为：

```
请输入：18
```

```
print (type(a))
```

运行结果为：

```
<class 'str'>
```

(2) 输入多个数据。

```
name,age=input(" 输入姓名，年龄 :").split(",")
```

运行结果为：

```
print(name)
```

运行结果为：

```
输入姓名，年龄 : 张三 ,18                    # 同时输入两个数据，用逗号隔开
'张三'
```

```
print(age)
```

运行结果为：

```
'18'
```

二、print 函数

在 Python 中，可以采用 print()函数直接输出。

print() 函数的语法格式如下。

print(*objects, sep=' ', end='\n', file=sys.stdout, flush=False)

参数说明如下。

objects 表示输出的对象。输出多个对象时，需要用逗号分隔。

sep 可以指定用什么符号来分隔多个对象。

end 用来设定以什么结尾。默认值是换行符 \n。

file 表示要写入的文件对象。

（1）print() 函数的基本使用。

```
print("好好学习")
```

运行结果为：

```
好好学习
```

```
print("好好学习", "天天向上",sep=",")          #字符串之间以逗号分隔
```

运行结果为：

```
好好学习,天天向上
```

```
print("好好学习",end="！")                    #字符串以感叹号结尾
```

运行结果为：

```
好好学习！
```

（2）print 的输出格式优化。

① 支持参数格式化。

```
str="字符串“%s”的长度是%d"%("好好学习",len("好好学习"))
print (str)
```

运行结果为：

```
字符串“好好学习”的长度是4
```

其中，%s 代表格式化字符串，%d 表示格式化整数。Python 字符串格式化符号见表 5-3-1。

表 5-3-1　字符串格式化符号

符号	描　述
%c	格式化字符及其ASCII码
%s	格式化字符串

续表

符号	描　述
%d	格式化整数
%u	格式化无符号整型
%o	格式化无符号八进制数
%x	格式化无符号十六进制数
%X	格式化无符号十六进制数（大写）
%f	格式化浮点数字，可指定小数点后的精度
%e	用科学计数法格式化浮点数
%E	作用同%e，用科学计数法格式化浮点数
%g	%f和%e的简写
%G	%f和%E的简写
%p	用十六进制数格式化变量的地址

② 支持输出浮点数格式化。

```
print("%8.4f"%3.1415926)          # 字符宽为 8，精度为 4，且四舍五入
```

运行结果为：

```
3.1416
```

```
print("%08.2f"%3.1415926)         # 字符宽为 8，精度为 2，用 0 填补前方空白
```

运行结果为：

```
00003.14
```

```
print("%+f"%3.1415926)            # 显示数字符号
```

运行结果为：

```
+3.141593
```

三、文件输入输出

使用 Python 读写文件主要流程如图 5-3-1 所示。

图 5-3-1　Python 读写流程

（1）打开文件。Python 中的 open() 方法用于打开一个文件，并返回文件对象 (file)。open() 函数常用形式是接收两个参数：文件名 (file) 和模式 (mode)。

```
open(file, mode="r")
```

open() 函数的格式为：open(文件名，访问模式)，其中访问模式有 r（以只读方式打开文件）、w（打开一个文件只用于写入）、a（打开一个文件用于追加）等，见表 5-3-2。

表 5-3-2 访 问 模 式

模式	描　　述
r	以只读方式打开文件
r+	打开一个文件用于读写
w	打开一个文件只用于写入
w+	打开一个文件用于读写，原有内容会被删除。如果该文件不存在，创建新文件
a	打开一个文件用于追加
a+	打开一个文件用于读写，将新内容写入到已有内容之后。如果该文件不存在，创建新文件

读取文件实例：

```
file=open("d://1.txt",mode="r")
print(type(file))
```

运行结果为：

```
<class '_io.TextIOWrapper'>
```

（2）读 / 写数据。Python 对使用 open() 函数创建出的 file 对象，提供了很多函数用来操作文件和数据，其中较为常用的函数见表 5-3-3。

表 5-3-3 常 用 函 数

函数名	描　　述
read([size])	从文件读取指定的字节数（size），如果未给定或为负则读取所有
readline([size])	从文件读取整行，返回本行前size个字符串，默认为完整行，包括换行符\n
readlines()	读取所有行，并返回列表
write()	用于向文件中写入指定字符串
writelines()	用于向文件中写入一个字符序列
seek()	用于移动文件读取指针到指定位置
tell()	文件当前位置

(3）关闭数据。Python 中的 close() 方法用于关闭一个已打开的文件。关闭后的文件不能再进行读写操作。关闭数据实例如下。

```
file=open("d://1.txt",mode="r+",encoding="utf-8")        # 以读写的模式打开文件
print(file.read(2))                                      # 读取前两个字符
```

运行结果为：

```
'好好'
```

```
print(file.readline())                    # 读取整行（这里读取该行剩余部分）
```

运行结果为：

```
'学习！ \n'
```

```
pirnt(file.readline())                                   # 读取整行
```

运行结果为：

```
'天天向上！ \n'
```

```
print(file.readlines())                                  # 读取剩余行
```

运行结果为：

```
['工作顺利！ \n', '身体健康！ ']
```

```
print(file.seek(3))                                      # 移动到第二个字符
```

运行结果为：

```
3
```

```
print(file.readlines())                                  # 读取剩余部分数据
```

运行结果为：

```
'好学习！ \n 天天向上！ \n 工作顺利！ \n 身体健康！ '
```

```
print(file.write("123"))                          # 写入 123
```

运行结果为：

```
3
```

```
file.writelines("\n 万事如意 ")                   # 换行写入万事如意
file.close()                                      # 关闭文件保存数据
file=open("d://1.txt",mode="r+",encoding="utf-8")
print(file.readlines())                           # 打开文件进行验证
```

运行结果为：

```
['好好学习！ \n', '天天向上！ \n', '工作顺利！ \n', '身体健康！ 123\n', '万事如意']
```

例题精选

【例 1】单选题：print(1, 2, 3, sep=":") 的输出结果为（　　）。

A．1 2 3　　B．1, 2, 3　　C．1:2:3　　D．1.2.3

【解析】sep 参数用来指定用什么符号来分隔多个对象，本题使用 “:” 来分隔多个对象。

【答案】C

【例 2】单选题：运行程序 print("This red pencil","is","on the desk.")，其正确的结果是（　　）

A．This red pencil is on the desk.　　B．This red pencil,is,on the desk.

C．this red pencil is on the desk　　D．This red pencilison the desk.

【解析】print 输出多个对象时，默认的间隔符为空格。

【答案】A

【例 3】单选题：补全该代码段：print(" 你的姓名是：(　　)"%" 张三 ") 使其完成输出姓名的功能。

A．%s　　B．'张三'　　C．$s　　D．&s

【解析】Python 的格式化输出，其中 %s 表示格式化输出字符串，本题中 " 张三 " 属于字符串。

【答案】A

【例 4】单选题：关于 Python 中文件的打开方式模式，以下说法错误的是（　　）。

A．模式 r 表示以只读方式打开文件　　B．模式 w 表示打开一个文件只用于写入

C．模式 a 表示打开一个文件用于读写　　D．模式 r+ 表示打开一个文件用于读写

【解析】

A．正确。

B．正确。

C．错误，模式 a 表示追加数据。

D．正确。

【答案】C

【例 5】判断题：使用 print() 函数无法将信息写入文件。（　　）

【解析】在 file 对象打开的情况下，print() 函数也能把数据写入文件。例如，print("hello", file=f)。

【答案】×

【例 6】判断题：使用 write 方法写入文件时，数据会追加到文件的末尾。（　　）

【解析】Python 中的 write 方法可以在文件的任何位置写入数据。

【答案】×

【例 7】编程题：输入一个边长（层数）不大于 10 的正整数 n，输出 n 层正三角形，如图 5-3-2 所示。

```
         *
        ***
       *****
      *******
     *********
    ***********
   *************
  ***************
 *****************
*******************
```

图 5-3-2　正三角形

【解析】

（1）需要输入程序，用来输入边长（层数）n。

（2）观察行数的变化规律，观察每行“*”的个数变化规律，观察每行空格的变化规律。

（3）思考输出的格式的程序写法：每行的“*”输出不一定通过循环，也可以通过字符串乘数量的方式实现。

（4）思考循环的写法：由于每行“*”的输出不需要循环，因此本程序不需要循环的嵌套，只需要一层循环，处理行数就行。

【答案】

根据上述分析，本题程序语句为：

```
n=int(input("输入正三角形的边长 n:")) # 输入边长 n
for i in range(n):                    # 循环次数
    s="*"*(2*i+1)                     # 每行 "*" 的个数
    print(""*(n-i)+s)                 # 输出一行，在每行前面增加 n-i 格空格
```

巩固练习

一、单选题

1．input() 函数返回值的类型是（　　）。

A．整数型　　B．字符串　　C．列表　　D．字典

2．在 Python 中常用的输入输出语句分别是（　　）。

A．input( )、output( )　　B．input( )、print( )

C．input( )、printf( )　　D．scanf( )、printf( )

3．执行代码“ x=1.648 ;print("x=%d"%x)”，输出结果为（　　）。

A．x=1　　B．1　　C．x=1.648　　D．x=2

4．执行代码“x=1.648;print("x=%.2f"%x)”输出结果为（　　）。

A．x=1.643　　B．x=1.65　　C．x=1.64　　D．1.65

5．执行代码“print("hello",end=" ");print("world")”，输出结果为（　　）。

A．hello,world　　B．helloworld　　C．hello world　　D．以上都不是

6．Python 中读取文件方法不正确的是（　　）。

A．read　　B．readline　　C．reads　　D．readlines

7．在 Python 中，readlines() 方法读取文件，返回的是（　　）。

A．字符串　　B．列表　　C．字典　　D．字节

8．执行以下代码，输出结果为（　　）。

```
astr="0\n"
bstr="X\ty\n"
print("{}{}".format(astr,bstr))
```

A．0
　x　y

B．0
　X　Y

C．X　y

D．0
　X　y

9．执行以下代码，输出结果为（　　）。

```
t="Python"
print(t if t>="python" else"None")
```

A．Python　　B．python　　C．t　　D．None

10．执行以下代码，输出结果为（　　）。

```
for i in range(3):
    for s in "abcd":
        if s=="c":
            break
        print (s,end="")
```

A．ababab　　B．aaabbbccc　　C．aaabbb　　D．abcabcabc

11．关于 Python 文件的“+”打开模式，描述正确的是（　　）。

A．追加写模式

B．与 r/w/a/x 一同使用，在原功能基础上增加同时读写功能

C．只读模式

D．覆盖写模式

12．Python 文件读取方法 read(size) 的含义是（　　）。

A．从头到尾读取文件所有内容

B．从文件中读取一行数据

C．从文件中读取多行数据

D．从文件中读取 size 大小的数据，如果 size 为负数或者空，则读取到文件结束

二、填空题

1．Python 读写文件主要流程是（　　　　）、（　　　　）、（　　　　）。

2．文件读写完毕后，要使用文件对象的（　　　　）方法将文件对象关闭。

3．open() 函数必须传递的参数是（　　　　）。

4．在 Python 中执行以下代码：

```
a=12.88
print("a=%.3f"%a)
```

结果显示为（　　　　）。

5．在 Python 中执行以下代码，结果显示为（　　　　）。

```
print("你好",end="！")
print("一共消费%8.2f元"%(132.56))
```

6．代码填空，补全以下代码，运行结果如图 5-3-3 所示。

```
n=int(input("输入正三角形的边长 n:"))
    for i in range(n):
        (        )
```

7. 代码填空，补全以下代码，输出结果是 <><><><>。

```
for i in range(1,5):
    (        )
```

8. 代码填空，补全以下代码，完成 a+b 的计算。

```
a,b= (        )
print(int(a)+int(b))
```

9. Python 文件（　　　　）模式可以打开一个文件用于读写，文件指针将会放在文件的开头。

10. Python 中，想要以 GBK 编码的形式打开文件，在 open() 方法中参数的添加方法是（　　　　）。

三、编程题

1. 编写程序，实现统计“d:\ The fox and the grapes.txt”文件中的英文单词及其数量并打印的功能。

2. 编写程序，输出菱形，效果如图 5-3-4 所示。

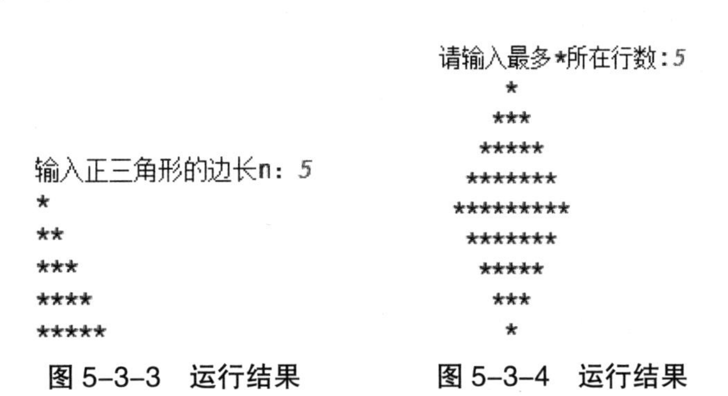

图 5-3-3　运行结果　　图 5-3-4　运行结果

5.4 列表生成式、迭代器与生成器

一、列表生成式

列表生成式又称为列表推导式，是 Python 内置的可以用来创建列表的生成式。

列表生成式的结构是在一个中括号里包含一个表达式，然后是一个 for 语句，最后是零个或多个 for、if 语句。列表表达式可以在列表中放入任意类型的对象。返回结果将是一个新的列表，在这个以 if 和 for 语句为上下文的表达式运行完成之后产生。列表生成式结构如图 5-4-1 所示。

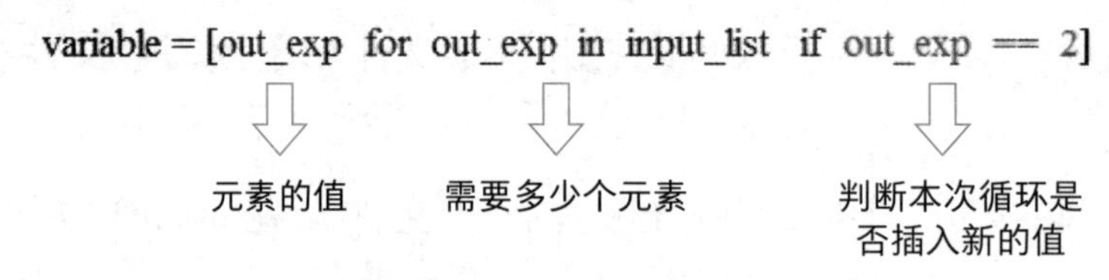

图 5-4-1 列表生成式结构

实例 1：生成列表 [1 × 1, 2 × 2, 3 × 3, ⋯, 10 × 10]。

按照我们之前学习的方式，编程方式如下。

```
l=[]
for x in range(1,11):
    l.append(x*x)
print(l)
```

若用列表生成式：

```
[x*x for x in range(1, 11)]
```

生成列表 [1, 4, 9, 16, 25, 36, 49, 64, 81, 100]。

列表生成式代替了循环。

实例 2：for 循环后面还可以加上 if 判断，这样就可以筛选出仅偶数的平方。

```
[x*x for x in range(1, 11) if x % 2 == 0]
```

生成列表 [4, 16, 36, 64, 100]。

通过一层循环中嵌套分支语句实现。

实例 3：生成全排列。

```
[m+n for m in "ABC" for n in "123"]
```

生成列表 ['A1', 'A2', 'A3', 'B1', 'B2', 'B3', 'C1', 'C2', 'C3']。

通过两层循环实现。

实例 4：多个变量的生成式。

```
d={"A": "1", "B": "2", "C": "3"}
[k+"=" + v for k, v in d.items()]
```

生成列表 ['A=1', 'B=2', 'C=3']。

通过使用多个变量的循环实现。

二、迭代器（iterator）

1. 迭代器的概念。迭代是 Python 最强大的功能之一，是访问集合元素的一种方式。迭代器是一个可以记住遍历的位置的对象。迭代器对象从集合的第一个元素开始访问，直到所有的元素被访问完结束。迭代器只能往前，不能后退。

迭代器有两个基本的方法：iter() 和 next()，如图 5-4-2 所示。字符串、列表或元组对象都可用于创建迭代器。

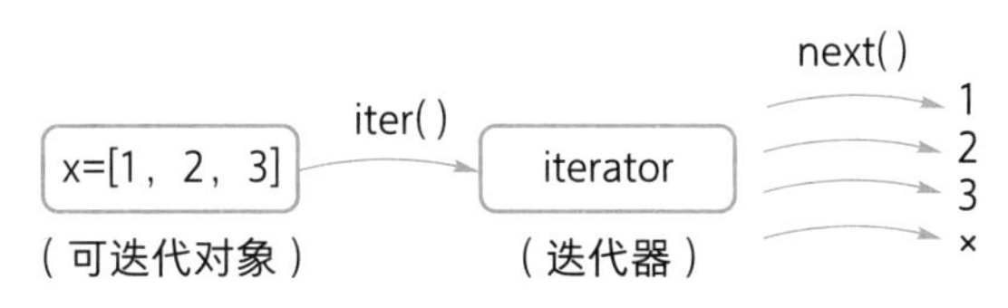

图 5-4-2 迭代器方法

2. 迭代器的使用。

实例 1：创建迭代器。

```
list=[1,2,3,4]
it=iter(list)                    # 创建迭代器对象
print(next(it))                  # 输出迭代器的下一个元素
print(next(it))
```

运行结果为：

```
1
2
```

实例 2：迭代器对象可以使用常规 for 语句进行遍历。

```
list=[1,2,3,4]
it=iter(list)                        # 创建迭代器对象
for x in it:
    print (x, end="")
```

运行结果为：

```
1 2 3 4
```

3．几个常用的迭代器函数。

（1）reverse() 函数用于将列表中的数据翻转。

```
list1=[1,2,3]
for each in reversed(list1):
    print(each,end="")
```

运行结果为：

```
3 2 1
```

（2）zip() 函数依次返回各个参数组成的元组。

```
list1=[1,3,5]
list2=[2,4,6]
for each in zip(list1, list2):
    print(each)
```

运行结果为：

```
(1, 2)
(3, 4)
(5, 6)
```

（3）enumerate() 函数通过枚举生成由每个元素索引值和元素组成的元组。

```
str1="abcd"
for each in enumerate(str1):
```

```
    print(each)
```

运行结果为：

```
(0, 'a')
(1, 'b')
(2, 'c')
(3, 'd')
```

三、生成器（generator）

生成器是一个特殊的程序，可以被用作控制循环的迭代行为，Python 中生成器是迭代器的一种。函数包含 yield 关键字时，每次调用 yield 会暂停，可以使用 next() 函数和 send() 函数恢复生成器。

创建生成器很简单，只要把一个列表生成式的中括号改为小括号，就可以创建一个生成器。

实例 1：创建生成器。

```
generator_ex=(x*x for x in range(10))
print(generator_ex)
```

运行结果为：

```
< generator object < genexpr > at 0×000002A5C606F7B0 >
```

实例 2：yield 的使用。

```
def odd():
    print("step 1")
    yield 1
    print("step 2")
    yield(2)
o=odd()
next(o)
next(o)
```

运行结果为：

```
step 1
step 2
```

若再次运行 next(o)，则会返回 StopIteration 异常，标识迭代的完成。可以看出，odd() 不仅仅只是一个函数，更是一个生成器，在执行过程中，遇到 yield 就暂停，遇到 next() 函数又继续执行。

例题精选

【例 1】单选题：列表生成式，生成的是（　　）。

A．列表　　B．字典　　C．元组　　D．集合

【解析】

从题意不难发现，列表生成式，生成的自然是列表。需要注意的是，不仅列表有生成式，字典也有生成式，方法类似。

【答案】A

【例 2】单选题：关于迭代器说法错误的是（　　）。

A．迭代器是取出集合元素的方式

B．StopIteration 异常用于标识迭代的完成

C．通过 iter() 方法可以将列表创建成为迭代器

D．next() 方法将返回集合中的上一个元素

【解析】

A．正确。

B．正确，StopIteration 异常用于标识迭代的完成，防止出现无限循环的情况。

C．正确，不单单可以把列表创建为迭代器，还可以将字符串、元组等创建为迭代器。

D．错误，next() 方法将返回集合中的下一个元素。

【答案】D

【例 3】单选题：下列关于迭代器和生成器说法正确的是（　　）。

A．迭代器对象中只实现了 iter() 方法　　B．yield 和 return 作用一样

C．列表不是一个迭代器　　D．生成器会保存当前状态

【解析】

A．错误，迭代器对象还实现了 next 方法。

B．错误，yield 只是暂停并保存当前所有的运行信息，next 后仍会从当前位置继续往下。

C．错误，列表是一个迭代器。

D．正确。

【答案】D

【例 4】单选题：以下关于迭代器的描述，不正确的是（　　）。

A．迭代器可以记住访问位置

B．迭代器对象从集合的第一个元素开始访问

C．迭代器访问元素可以往前，也可以往后

D．可以使用 next () 函数来访问下一个数据

【解析】

A．正确。

B．正确。

C．错误，迭代器访问元素只能往前。

D．正确。

【答案】C

【例 5】判断题：对于生成器对象 x=(3 for i in range(5))，连续两次执行 list(x) 的结果是一样的。（　　）

【解析】

第一次执行 list(x) 结果为 [3,3,3,3,3]。

第二次执行 list(x) 结果为 []。

原因：生成器只能被迭代一次，如果要多次，需要重新创建生成器。

【答案】×

【例 6】判断题：对于数值型变量 n，如果表达式 0 not in [n%d for d in range(2, n)] 的值为 True，则说明 n 是素数。（　　）

【解析】

首先要读懂列表生成式的含义，[n%d for d in range(2, n)] 的作用为，求大于 2 的数 n，分别除以 2 ~ n 后得到的余数。因此 0 not in [n%d for d in range(2, n)] 的作用为判断余数是否为 0，即为判断素数的条件。

【答案】√

【例 7】判断题：创建生成器的时候并没有执行函数，只有访问的时候才执行。（　　）

【解析】

生成器本质只是一个函数，创建的生成器只是创建一个特殊的函数，在不调用该函数前，是不会执行此函数的。

【答案】√

【例 8】操作题：利用列表生成式，输出九九乘法表，如图 5-4-3 所示。

```
1×1=1
1×2=2   2×2=4
1×3=3   2×3=6   3x3=9
1×4=4   2×4=8   3x4=12  4×4=16
1×5=5   2×5=10  3x5=15  4×5=20  5×5=25
1×6=6   2×6=12  3x6=18  4×6=24  5×6=30  6×6=36
1×7=7   2×7=14  3x7=21  4×7=28  5×7=35  6×7=42  7×7=49
1×8=8   2×8=16  3x8=24  4×8=32  5×8=40  6×8=48  7×8=56  8×8=64
1×9=9   2×9=18  3x9=27  4×9=36  5×9=45  6×9=54  7×9=63  8×9=72  9×9=81
```

图 5-4-3 九九乘法表

【解析】

（1）根据观察，n 行的算式为 1×1 至 1×n。因此对于第 i 行乘法口诀的列表生成式可以写成 ["%d×d=%d"%(m,i,m*i) for m in range(1,i+1)]。

（2）两数积不满 2 格的，显示格式补齐 2 格。

【答案】

```
for i in range(10):
    print(" ".join(["%d×%d=%-2d"%(m,i,m*i) for m in range(1,i+1)]))
# %d 表示按照整型格式化输出，- 表示左对齐，2 表示数字不足 2 位则补齐 2 位，不足位
  置用空格
```

巩固练习

一、单选题

1．生成器中包含关键字（　　）。

A．yield　　B．return　　C．else　　D．for

2．以下选项中，不能够生成列表 [1,3,5] 的语句是（　　）。

A．list(range(1,7,3))　　B．list(range(1,7,2))

C．[i for i in range(7) if i%2!=0]　　D．[2*i+1 for i in range(3)]

3．以下是列表生成式的是（　　）。

A．(1,2)　　B．(i for i in range(3))

C．[i for i in range(3)]　　D．{i for i in range(3)}

4．迭代器是一个可以记住遍历位置的（　　）。

A．对象　　B．列表　　C．元组　　D．集合

5．StopIteration 异常用于标识迭代的（　　）。

A．开始　　B．中断　　C．停止　　D．完成

6．在迭代器中，（　　）方法将返回集合中的下一个元素。

A．step　　B．next　　C．return　　D．continue

7．迭代器访问元素可以使用（　　）方法访问上一个元素。

A．back　　B．up

C．step　　D．不能访问上一个元素

8．在 Python 中，生成器是一个（　　）。

A．对象　　B．类　　C．函数　　D．以上都不是

9．Python 生成器的 yield 关键字，会使迭代（　　）。

A．停止　　B．暂停　　C．结束　　D．返回

10．Python 中 generator 表示（　　）。

A．迭代器　　B．生成器　　C．函数　　D．生成式

二、填空题

1．Python 中迭代器的英文称为（　　　　）。

2．表达式 [index for index, value in enumerate([3,5,7,3,7]) if value == max([3,5,7,3,7])] 的值为（　　　　）。

3．表达式 [str(i) for i in range(3)] 的值为（　　　　）。

4．运行以下代码，输出结果为（　　　　）。

```
list1=[1,3]
list2=[2,4,6]
for each in zip(list1, list2):
    print(each)
```

5．表达式 [x**2 for x in range(1, 10) if x % 3 == 0] 的值为（　　　　）。

6．表达式 {a+b for a in range(1, 3) for b in range(2,4)} 的值为（　　　　）。

7．表达式 { x: x ** 2 for x in range(3)} 的值为（　　　　）。

三、编程题

已知各种水果的类型、单价及卖出数量，编写字典生成式，计算各类水果卖出的金额总数。

初始数据：

```
fruits_name=["苹果","香蕉","西瓜","草莓","梨","芒果","榴莲"]    #水果品种
fruits_price=[5.5, 3.5, 2, 12, 4, 8, 50]                         #水果单价
fruits_num=[15,23,45,16,4,11,28]                                  #卖出水果数量
```

5.5 Python 中的模块拓展

重点知识

一、os 模块与 os.path 模块——操作系统接口模块

os 模块及其子模块 os.path 提供了一些方便使用操作系统相关功能的函数。其中，os 模块提供非常丰富的方法用来处理文件和目录，os.path 模块主要用于获取文件的属性。

1．os 模块常用操作。

os.walk()：主要用来遍历一个目录内各个子目录和子文件。

os.getcwd()：得到当前工作目录，即当前 Python 脚本工作的目录路径。

os.remove(file)：删除一个文件。

os.stat(file)：获得文件属性。

os.mkdir(name)：创建目录。

os.rmdir(name)：删除目录。

2．os.path 模块常用操作。

os.path.join(path,name)：连接目录与文件名或目录。

os.path.isdir(name)：判断 name 是不是目录，不是目录就返回 False。

os.path.isfile(name)：判断 name 这个文件是否存在，不存在就返回 False。

os.path.exists(name)：判断是否存在文件或目录 name。

实例 1：使用 os.walk 方法遍历文件目录。

```
for root, dirs, files in os.walk(file):
    # root 表示当前正在访问的文件夹路径
    # dirs 表示该文件夹下的子目录名 list
    # files 表示该文件夹下的文件 list
    # 遍历文件
    for f in files:
        print(os.path.join(root, f))
    # 遍历所有的文件夹
    for d in dirs:
        print(os.path.join(root, d))
```

实例 2：使用 os.path 的常用方法。

```
import os
file="c:/windows/notepad.exe"                # 文件路径
print(os.path.basename(file))                # 返回文件名
print(os.path.dirname(file))                 # 返回目录路径
print(os.path.split(file))                   # 分隔文件名与路径
print(os.path.join("windows","notepad.exe")) # 将目录和文件名合成一个路径
print(os.path.getsize(file))                 # 输出文件大小（字节为单位）
print(os.path.abspath(file))                 # 输出绝对路径
print(os.path.normpath(file))                # 规范 path 字符串形式
```

二、time 模块与 calendar 模块——处理日期和时间，转换日期格式

Python 的 time 和 calendar 模块是专门处理日期和时间相关的模块。

1．Python 中关于时间的基础概念。

（1）时间戳（timestamp）：全称为 UNIX 时间戳 (UNIX timestamp) 或称为 UNIX 时间 (UNIX time)，是一种时间表示方式，定义为从格林威治时间 1970 年 01 月 01 日 00 时 00 分 00 秒起至现在的总秒数。时间戳的作用为统一全球的时间，一般作为对数据唯一性的一种判断依据。

（2）时间元组（struct_time）：Python 中时间元组是一个比较重要的类型，通过时间元组可以获取年月日时分秒，星期几，一年中的第几天等信息。字段及参考值见表 5-5-1

表 5-5-1　时 间 元 组

序号	字段	值
0	4位数年	2008
1	月	1～12
2	日	1～31
3	小时	0～23
4	分钟	0～59
5	秒	0～61 (60或61 是闰秒)
6	一周的第几日	0～6 (0是周一)
7	一年的第几日	1～366 (闰年)
8	夏令时	−1, 0, 1, −1（是否为夏令时）

2．time 模块。time 模块包含了很多内置函数，既能处理时间，也能转换时间格式。其中，常用函数见表 5-5-2。

表 5-5-2　time 模块常用函数

函数	描　述
time.altzone()	返回格林威治西部的夏令时地区的偏移秒数
time.asctime([tupletime])	接收时间元组并返回一个可读的形式为"Tue Dec 11 18:07:14 2020"（2020年12月11日 周二18时07分14秒）的24个字符的字符串
time.localtime([secs])	接收时间戳
time.sleep(secs)	推迟调用线程的运行，secs指秒数
time.strftime(fmt[,tupletime])	接收时间元组，并返回以可读字符串表示的当地时间，格式由参数fmt决定
time.time( )	返回当前时间的时间戳
timezone属性	当地时区（未启动夏令时）距离格林威治的偏移秒数
tzname属性	包含一对字符串，分别是带或不带夏令时的本地时区名称

3．calendar 模块。calendar 模块的函数都是日历相关的，例如，打印某月的字符月历。其中，常用函数见表 5-5-3。

表 5-5-3　calendar 模块常用函数

函数	描　述
calendar.calendar(year)	返回一个多行字符串格式的year年年历，默认3个月一行
calendar.month(year,month)	返回一个多行字符串格式的year年month月日历
calendar.monthrange(year,month)	返回两个整数。第一个是该月的第一天的星期数，第二个是该月的天数
calendar.setfirstweekday(weekday)	设置每周的起始星期数
calendar.weekday(year,month,day)	返回指定日期的日期码
calendar.isleap(year)	判断该年是否为闰年
calendar.leapdays(y1,y2)	返回在y1，y2两年之间的闰年总数

实例 1：time 模块常用函数实例。

```
import time
print(time.time())                      # 当前时间戳
print(time.localtime())                 #时间戳 → 时间元组，默认为当前时间
print(time.ctime())                     # 时间戳 → 可视化时间
print(time.mktime((2021, 2,\
27, 9, 44, 31, 6, 273, 0)))             # 时间元组 → 时间戳
print(time.asctime())                   # 时间元组 → 可视化时间
print(time.strftime("%Y-%m-%d\
%H:%M:%S", time.localtime()))           # 时间元组 → 可视化时间（定制）
print(time.strptime("2018-9-30\
11:32:23", "%Y-%m-%d %H:%M:%S"))        # 可视化时间（定制）→ 时间元组
```

实例 2：calendar 模块常用函数实例。

```
import calendar
print(calendar.month(2021, 2))              # 返回 2021 年 2 月日历表
print(calendar.monthrange(2021,2))          # 返回 2021 年 2 月的第一天的星期数及
                                            该月共有几天
print(calendar.leapdays(2000,2100))         # 返回 2000 ~ 2100 年共有几个闰年
print(calendar.isleap(2021))                # 判断 2021 年是否为闰年
```

例题精选

【例 1】单选题：在 Python 的 os 模块中，os.mkdir() 方法的作用是（　　）。

A．创建文件　　B．创建目录　　C．删除文件　　D．删除目录

【解析】

A．错误，创建文件一般使用 file 对象实现。

B．正确。

C．错误，os.remove() 方法的作用是删除文件。

D．错误，os.rmdir() 方法的作用是删除目录。

【答案】B

【例 2】单选题：在 Python 的 os 模块中，返回 path 指定的文件夹包含的文件或文件夹名字列表的方法是（　　）。

A．os.listdir(path)　　B．os.chdir(path)　　C．os.rmdir(path)　　D．os.mkdir(path)

【解析】

A．正确。

B．错误，os.chdir(path) 方法的作用是改变当前工作目录。

C．错误。

D．错误，os.rmdir(path) 方法的作用是创建目录。

【答案】A

【例 3】单选题：在 Python 中，获取文件 file 绝对路径的方法是（　　）。

A．os.listdir(file)　　B．os.path.dirname (file)

C．os.path.abspath(file)　　D．os.path(file)

【解析】

A．错误，os.listdir(file) 方法的作用是获取文件夹包含的文件或文件夹名字列表。

B．错误，os.path.dirname(file) 方法的作用是返回目录路径。

C．正确。

D．错误，没有 os.path(file) 这种方法。

【答案】C

【例 4】单选题：在 Python 的 time 模块中，返回时间戳的方法是（　　）。

A．time.loacltime()　B．time.altzone()　C．time.ctime()　D．time.time()

【解析】

A．错误，time.loacltime() 方法的作用是返回时间元组表。

B．错误，time.altzone() 方法的作用是返回时区的偏移度。

C．错误，time.ctime() 方法的作用是返回可视化时间。

D．正确。

【答案】D

【例 5】判断题：Python 标准库 os.path 中 split () 方法用来分隔指定路径中的文件扩展名。（　　）

【解析】

os.path.split () 方法的作用是分隔文件名与路径，分隔指定路径中的文件扩展名的方法是 os.path.splitext()。

【答案】×

【例 6】编程题：删除指定目录 path 下的 Word 文件。

【解析】

（1）指定目录 path 下面可能存在子文件夹，子文件夹中可能还有子文件夹。因此，需要遍历该文件夹的所有位置和所有文件。

（2）判断是否为 Word 文件的方法是判断文件的后缀，Word 文件的后缀为 docx。

（3）删除文件需要用到 os.remove 方法。

【答案】

```
import os
path="指定目录"
for root, dir, path in os.walk(path):          # 在 path 目录下遍历文件夹及文件
    for path_name in path:                     # 在目录下遍历所有文件
        if path_name.endswith(".docx"):        # 判断文件名后缀是否为 docx
            os.remove(os.path.join(root, path_name)) # 移除该文件
```

【例 7】编程题：模拟游戏挑战 10 s。具体要求如下：

（1）键盘输入 1 表示计时开始。

（2）键盘输入 2 表示计时结束。

（3）计时结束后，显示时间间隔及与 10 s 的差值。

【解析】

（1）通过输入值决定开始计时或结束计时，因此需要输入语句。

（2）需要记录开始的时刻，以及结束的时刻，可以考虑使用时间戳来处理，需要引入 time 模块。

（3）计算时间间隔并输出。

【答案】

```
import time
a=input("输入 1 开始")
if a=="1":
    t1=time.time()                                          # 获取开始时间戳
b=input("输入 2 结束")
if b=="2":
    t2=time.time()                                          # 获取结束时间戳
t=t2-t1                                                     # 计算时间间隔
print("你的时间间隔为：%f，离 10s 差了 %f"%(t,abs(10-t)))    # 格式化输出
```

巩固练习

一、单选题

1．Python 标准库 os 模块中，用来判断指定文件 file 是否存在的方法是（　　）。

A．os.path.isdir(file)　　B．os.path.exists(file)

C．os.isdir(file)　　D．os.exists(file)

2．在 Python 中，os 模块的功能是（　　）。

A．方便与操作系统相交互的模块　　B．字符串的操作

C．正则的操作　　D．文件操作

3．在 os 模块中，重命名文件的方法是（　　）。

A．os.path.isdir()　　B．os.remove()　　C．os.rename()　　D．os.listdir()

4．方法 os.path.isfile(path) 的功能是（　　）。

A．列出指定目录的文件或文件夹　　B．删除指定文件

C．路径拼接　　D．判断某一对象是否为文件

5．在 time 模块中，下列不是常用的格式化表示的是（　　）。

A．%H　　B．%i　　C．%M　　D．%m

6．在 time 模块中，time.localtime() 返回的是（　　）。

A．时间列表　　B．时间字典　　C．时间元组　　D．时间集合

7．在 Python 中，要让可视化时间输出的格式是“2020-12-30 11:32:23”，正确的时间格式应为（　　）。

A．%y-%m-%d %H:%M:%S　　B．%Y-%m-%d %H:%M:%S

C．%YYYY%mm-%dd %HH:%MM:%SS　　D．%Y-%m-%d %h:%m:%s

8．在 calendar 模块中，日历默认输出的每周第一天为周（　　）。

A．日　　B．一　　C．二　　D．三

9．在 calendar 模块中，判断某一年是否为闰年，应使用的方法是（　　）。

A．calendar.isleap()　　B．calendar.leapdays()

C．calendar.isleapday()　　D．calendar.isleapdays()

10．在 Python 中，获取本地时区名称的语句是（　　）。

A．time.tzname　　B．time.altzone　　C．time.timezone　　D．time.localtime

二、填空题

1．Python 标准库 os.path 中用来判断指定路径是否为文件夹的方法是（　　　　）。

2．Python 标准库（　　　　）中的方法 startfile 可以启动任何已关联应用程序的文件，并自动调用关联的程序。

3．在 Python 中，分隔文件名与路径的方法是（　　　　）。

4．在 Python 中，os.path.abspath(file) 的作用是（　　　　）。

5．os.walk() 方法返回的元组，包含（　　　　），（　　　　），（　　　　）。

6．时间元组，除了包含年月日时分秒之外，还包含了（　　　　）、（　　　　）、（　　　　）。

7．需要输出的时间格式为“PM 10:20:30”，则时间格式的正确书写方式为（　　　　）。

8．在时间元组中，tm_sec 表示（　　　　）。

9．在日历模块中，如果需要把周日设置为每周的第一天，正确的代码应该是（　　　　）。

10．calendar.leapdays(2021,2025) 的运行结果是（　　　　）。

三、编程题

1．编写程序，删除 D 盘下所有游戏文件及文件夹（文件夹名称或者文件名称为“game”的）。

2．编写程序，实现输出 10 s 倒计时读秒，当读秒数为 0 时，输出“新年快乐！”。运行结果如图 5-5-1 所示。

```
10
9
8
7
6
5
4
3
2
1
新年快乐！
```

图 5-5-1　倒计时运行结果

上 机 实 训

任务描述

编写程序，实现以下功能：打开本地文件，逐行读取文本。按语文成绩从高到低的顺序进行排序，并重新写入到本地文件中。

本地文件内容如下，从左到右依次为“姓名、语文成绩、数学成绩、英语成绩”。

张三 89 95 91

李四 97 94 84

王五 90 88 93

赵六 85 98 92

解题策略

1. 逐行读取文件，分别保存到列表中。
2. 以每个列表中语文成绩项的高低进行排序。
3. 写入到本地文件中。

疑难解释

疑难解释见表 5-6-1。

表 5-6-1 疑 难 解 释

序号	疑惑与困难	释 疑
1	如何逐行读取文件	使用open打开对应文件内容，通过readlines方法读取，并保存到列表中
2	如何排序	套用冒泡排序法或选择排序法进行排序
3	如何写入本地文件	使用write()方法

单 元 习 题

一、判断题

1. 在 Python 中，t="A","B","C",1,2,3 可以正确创建一个元组。 （ ）
2. 一个元组被创建之后，它的长度是固定的。 （ ）

3．Python 中文件的打开方式模式中，模式 w 表示以只读方式打开文件。（　）

4．在 Python 中，readlines() 方法读取文件信息，返回的是集合。（　）

5．StopIteration 异常用于标识迭代发生了错误。（　）

6．通过 iter() 方法可以将列表创建成为迭代器。（　）

7．在生成器中，yield 和 return 作用一样。（　）

8．在迭代器中，back 方法将返回集合中的上一个元素。（　）

二、填空题

1．代码 print("zhangsan"," 男 ",18,sep=":") 的执行结果为（　　）。

2．补全该代码段，使其完成输出姓名的功能："name=input(" 请输入姓名 ")；print(" 姓名：（　　） "%name)。"

3．在字典中，items() 方法返回的是可遍历的（　　）。

4．在集合中，（　　）方法用来求两个集合的交集。

5．Python 中，（　　）和（　　）属于无序序列。

6．在 Python 中执行语句 :print("%2f"%1.801)，输出结果为（　　）。

7．表达式 [str(i+i**2) for i in range(3)] 的值为（　　）。

8．在 Python 中，获得文件 file 属性的方法是（　　）。

9．[a*b for a in range(1,3) for b in range(3)]，输出结果为（　　）。

三、单选题

1．字典 d={"Name":" 张三 ","sex":" 男 ","Age": "16"}，表达式 len(d) 的值为（　）。

A．12　　B．9　　C．6　　D．3

2．以下选项中，不是建立字典的方式是（　）。

A．d={[1,2]:1,[3,4]:3}　　B．d={(1,2):1,(3,4):3}

C．d={" 张三 ":1," 李四 ":2}　　D．d={1:[1,2],3:[3,4]}

3．以下选项中，不是 Python 文件读操作方法的是（　）。

A．readline　　B．readlines　　C．readtext　　D．read

4．以下表达式，正确定义了一个集合数据对象的是（　）。

A．x={119, "hello",18.3}　　B．x=(119, "hello",18.3)

C．x=[119, "hello",18.3]　　D．x={"hello":18.3}

5．关于 Python 文件打开模式的描述，错误的是（　）。

A．覆盖写模式 w　　B．追加写模式 a　　C．创建写模式 n　　D．只读模式 r

6．Python 中"{}"表示的是（　）。

A．空集合　　B．空字典　　C．空元组　　D．空列表

7．执行以下代码，输出结果为（　）。

```
ls =list({"shandong":200,"hebei":300,"beijing":400})
print(ls)
```

A．['300', '200', '400']　　B．['shandong', 'hebei', 'beijing']

C．[300,200,400]　　D．'shandong', 'hebei', 'beijing'

8．执行以下代码，当从键盘上输入 {1:" 清华大学 ",2:" 北京大学 "}，运行结果为（　　）。

```
x =eval(input())
print(type(x))
```

A．<class 'int '>　　B．<class 'list'>　　C．出错　　D．<class 'dict'>

9．执行以下代码，输出结果为（　　）。

```
d={"zhang":"China", "Jone":"America", "Natan":"Japan"}
for k in d:
    print(k, end="")
```

A．zhangJoneNatan　　B．zhang:China Jone:America Natan:Japan

C．"zhang""Jone""Natan"　　D．ChinaAmericaJapan

10．执行以下代码，输出结果为（　　）。

```
x=32.3567
print("x=%05.1f"%x)
```

A．x=32.4　　B．x=032.4　　C．x=32.35　　D．032.35

四、多选题

1．以下关于字典的描述，正确的是（　　）。

A．字典中元素以键信息为索引访问　　B．字典长度是可变的

C．字典是键值对的集合　　D．字典中的键可以对应多个值信息

2．以下关于字典类型的描述，正确的是（　　）。

A．字典类型是一种无序的对象集合，通过键来存取

B．字典类型可以在原来的变量上增加或缩短

C．字典类型可以包含列表和其他数据类型，支持嵌套的字典

D．字典类型中的数据可以进行分片和合并操作

3．下面关于元组的说法错误的是（　　）。

A．在进行元组连接时，连接的内容不限制

B．元组可以和列表进行连接

C．如果要连接的元组只有一个元素，那么不需要逗号

D．元组是不可变序列，不能对它的单个元素值进行修改

4．以下关于字典操作的描述，正确的是（　　）。

A．del 用于删除字典或者元素

B．clear 用于清空字典中的数据

C．len 方法可以计算字典中键值对的个数

D．keys 方法可以获取字典的值视图

5．关于 Python 对文件的处理，以下选项中描述正确的是（　　）。

A．Python 通过解释器内置的 open() 函数打开一个文件

B．当文件以文本方式打开时，读写按照字节流方式

C．文件使用结束后要用 close() 方法关闭，释放文件的使用授权

D．Python 能够以文本和二进制两种方式处理文件

五、编程题

1．有两个列表分别保存字段及数值，列表 a=[" 姓名 "," 学号 "," 年龄 "," 语文 "," 数学 "," 英语 "]，列表 b=[" 张三 ",13,15,95,93,94]，要求以循环及字典生成式 2 种不同的方法，输出字典 d={" 姓名 ": " 张三 "," 学号 ":13," 年龄 ":15," 语文 ":95," 数学 ":93," 英语 ":94}。

2．编写一个成绩管理程序，已知某个班级的英语课成绩（用一个字典保存数据）为 fs={" 张三 ":86," 李四 ":94," 王五 ":79," 赵六 ":78," 刘七 ":87," 周八 ":96}

具备以下功能：

（1）计算课程平均分，保留小数后 2 位。

（2）排序后，以“姓名：成绩：名次”的格式输出至 D:\score.txt。

计算机应用专业

- 常用工具软件（第3版） 毕国强
- 计算机录入技术（第3版） 李海云
- 计算机编程基础——C语言（第2版） 游金水
- 计算机编程基础——C语言技能训练与上机实习（第2版） 游金水
- 计算机编程基础——Visual Basic 陈建军
- 计算机编程基础——Visual Basic技能训练与上机实习 陈建军
- 数据库应用基础——Access 2010（第2版） 张 巍
- Visual FoxPro 6.0数据库应用设计（第2版） 魏茂林
- Visual FoxPro 6.0数据库应用设计学习指导（第2版） 魏茂林
- 图形图像处理——Photoshop CC（第2版） 王 健
- 图形图像处理——CorelDRAW 2018基础与案例教程（第3版） 龚道敏
- 多媒体制作（第3版） 史晓云
- 计算机网络基础（第2版） 钱 锋
- 计算机网络基础技能训练（第2版） 吕宇飞
- Dreamweaver网页制作（第4版） 马文惠
- 计算机组装与维护（第2版）（双色） 杨泉波
- 计算机组装与维护（第2版）（彩色） 杨泉波
- 计算机组装与维护技能训练与练习（第2版） 杨泉波
- 办公软件高级应用——Office 2013（第5版） 魏茂林
- 办公设备使用与维护（第2版） 谭建伟
- 电子商务实务 陈南泥
- 职业礼仪修养（彩色）（第2版） 鲁丹丽
- 信息产品营销 晏兴耀
- 网页制作（第2版） 冯永滔
- 电子商务网站建设与管理（第2版） 陈南泥
- 图形图像处理——Photoshop CC（第2版） 温 晞
- 数据库应用——Access 2007 郑耀涛
- C#程序设计语言 胡兴波
- 实用计算机英语（第3版） 於 芳
- 计算机动画设计——Animate CC（第5版） 史少飞
- 视频编辑技术——会声会影2019（第3版） 姜全生
- 计算机专业排版——方正飞翔 周南岳
- 中英日文录入技能培训教程 李 飞
- 办公自动化应用（第3版） 段 标
- ASP动态网页设计（第2版） 李书标
- IT产品维修服务案例实训（第2版） 张 琦
- 网络服务器配置与管理——Windows Server 2012平台（第3版） 高晓飞
- IT产品营销案例实训(第2版） 席克工作组
- Excel 2010基础与应用 赵艳霞
- Word 2010基础与应用 飞继宗
- PowerPoint 2016办公应用——设计师带你从新手到高手 (第2版） 王 鑫
- Photoshop CC平面图像设计（第3版） 崔 颖
- Python程序编写入门 苏东伟
- Python程序编写学习辅导与上机实习 苏东伟

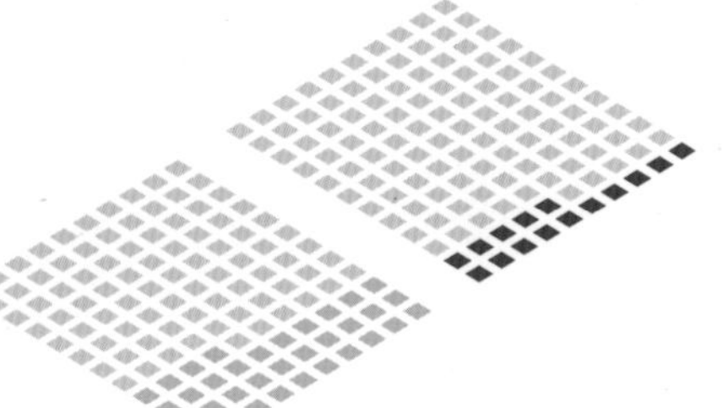

"十四五"职业教育国家规划教材

电子技术基础与技能

（第4版）

主编　陈振源

中国教育出版传媒集团
高等教育出版社